Impressum

Haftungsausschluss
Weder der Herausgeber Dr. Peter F. Mayer noch Traude
Schubert, Autorin, haften für die Inhalte und Meinungen
einzelner Autoren, die Webseite von tkp ist eine Plattform
unabhängiger Autoren, die für ihre namentlich
gekennzeichneten Inhalte selbst haften.
Der Herausgeber übernimmt auch keine Verantwortung oder
Haftung für die Inhalte externer (verlinkter) Websites.
Wir prüfen zum Zeitpunkt der Verlinkung sämtliche Links auf
ihre juristische Unbedenklichkeit.
Sollten Änderungen bei diesen Links eingetreten sein, die
Rechte Dritter verletzen oder gegen geltende Gesetze
verstoßen, werden diese Links nach Kenntnisnahme
entfernt.

Traude Schubert
Dr. Peter F. Mayer

WINDKRAFT

Schadet Umwelt, Menschen, Tieren und Pflanzen, mehr als jede andere Energiequelle

Vorwort

Windkraft – ein heiß diskutiertes Thema.
Und das hat viele Gründe.
Denn zu Windkraft gibt es viele offene Fragen.

Lohnen sich all die vielen Investitionen wirklich?
Sind Windkrafträder wirklich ungefährlich für
die Natur, für Menschen und Tiere?

Um ehrlich zu sein: NEIN sie nicht keinesfalls ungefährlich
für die Umwelt, Tiere, Menschen und Pflanzen.
Windkraft schadet mehr als alle anderen Energiequellen!

Doch warum, was sind die Gründe dafür?
Die entsprechenden Artikel von Dr. Peter F. Mayer von
TKP.at, und weiteren Journalisten, geben darauf fundierte
Antworten.

Links zu umfangreichen, weltweiten Forschungen
und deren Ergebnissen, sind mit im Buch angeben.

Traude Schubert

Herrn Dr. Peter F. Mayer

Herrn Dr. Peter F. Mayer,
Publizist Science & Technology,
Eigentümer und Herausgeber von tkp.at
Homepage: https://tkp.at/

Herr Dr. Mayer stellte mir alle seine Beiträge mit wissenschaftlichen Studien und vielen Informationen zur Verfügung, um sie in einem Buch zusammenfassen.

* * *

Bitte unterstützen auch Sie durch eine Spende die Arbeit der Journalisten.

Der Betrieb von tkp.at, Vergütungen für die Arbeit von Journalisten, Technik und was sonst noch anfällt, sind im Wesentlichen durch unsere Leser finanziert.
Unterstütze unabhängigen Journalismus mit einer Spende!

Vielen Dank!

Spendenmöglichkeiten:

Banküberweisung
IBAN: AT03 1500 0042 2103 0523
BIC: OBKLAT2L
lautend auf Dr. Peter F. Mayer

Paypal:
Peter Mayer @tkpPeterMayer

Mit Ihrer Unterstützung helfen Sie, dass kritischer Journalismus nicht mundtot gemacht wird! Besten Dank!

Link zu dieser Seite:
https://tkp.at/unterstuetzen/

Mein Honorar aus diesem Buch geht zu 50 % als Spende an TKP.

Inhalt

Windkraftwerke als Todesfallen:
Fiese Fasern und Kontaminationsrisiken	**144**

Windkraft und „ fiese Fasern „ Fakten von RA
Thomas Mock	**158**

Windräder schaden der Umwelt, Menschen, Tieren und Pflanzen mehr als jede andere Energiequelle

Link hierzu:
https://tkp.at/2025/04/30/windraeder-schaden-umwelt-menschen-tieren-und-pflanzen-mehr-als-jede-andere-energiequelle/

Autor: Dr. Peter F. Mayer

Wind- und Solarstrom ist technisch und wirtschaftlich untragbar, wie das Blackout in Spanien am 28.04.2025 zeigt. Insbesondere Windparks richten aber noch weit mehr und vor allem langfristigere Schäden an als jede andere in Verwendung befindliche Energiequelle.

Windturbinen verursachen Schäden für die Gesundheit von Mensch und Tier durch Infraschall und die toxischen Materialien in den Rotorblättern, die durch Abrieb im Betrieb, bei Unfällen und bei der Entsorgung freigesetzte werden. Durch die hohen Geschwindigkeit von 400 km/h und mehr an den Rotorspitzen werden Schadstoffe im weiten Umkreis

verteilt und zusätzlich Vögel und Insekten vernichtet.
Der Infraschall verbreitet sich bis zu 50 Kilometern und
kann schwere gesundheitliche Schäden bei Mensch und Tier
verursachen. Selbst durch Infraschall verursachte
Eiersterblichkeit in Brutanstalten für Hühner wird beobachtet.
Davon muss auch die Vogelpopulation immer stärker
betroffen sein mit unabsehbaren Folgen für die Umwelt.

Die Rotorblätter bestehen aus Kunstharzen, die mit Glas-
oder Carbonfasern verstärkt werden. Der Abrieb, der an der
Vorderkante der Rotorblätter unvermeidlich ist, wird im
weiten Umkreis verstreut und kontaminiert die Böden.
Die freigesetzten Mikropartikel entsprechen von der
Schädlichkeit etwa Asbest, enthalten PFAS, eine Reihe
gefährlicher Chemikalien, u.a. **Bisphenol-A**, und
verschiedene Metalle. Der schädlichen Inhaltsstoffe wurden
bereits in der **Leber von Wildschweinen nachgewiesen
oder in Muscheln** bei Offshore Windparks.

<u>**Die Links hierzu finden Sie am Ende dieses Berichtes.**</u>

Der zweite große Schadensbereich betrifft Vegetation und
Böden. Beim Bau werden riesige Mengen Beton in den
Boden eingebracht und für die Schwertransport der Teile
und der Baukräne werden breite Zufahrtsstraßen benötigt.
Dafür werden regelrecht Autobahnen in den Wald
geschlagen. Rund um Windanlagen wird ein Rückgang der
Vegetation beobachtet. Bei den Zufahrten im Wald kommt es
zu erheblicher Bodenerosion.

Die Umweltschäden betreffen ebenfalls sehr große Flächen.
Der dritte große Schadbereich betrifft das Klima. **Studien
haben gezeigt**, dass es durch die Errichtung von Windparks
zu Erwärmung von bis zu 0,7 Grad pro Jahrzehnt
gekommen ist. Die verstärkte Verfrachtung von Saharasand

nach Europa wird mit den durch die Windturbinen veränderten Druckverhältnissen in der Atmosphäre in Verbindung gebracht.

<u>Den Link hierzu finden Sie am Ende dieses Berichtes.</u>

Eine weitere negative Klimawirkung haben Windräder, wenn für sie Bäume weichen müssen. Mitten in Wäldern werden die Räder mittlerweile hingebaut.
Dafür wird Wald gerodet, der unbestreitbar CO2 absorbieren würde.
Für den Windpark in St. Pölten wurden im März fünf Hektar Wald gerodet.
In Schottland wurden sogar **16 Millionen Bäume** für Windparks gefällt. Außerdem werden Böden ausgetrocknet was eine der Ursachen für reduziertes Pflanzenwachstum ist.
<u>Die Links hierzu finden Sie am Ende dieses Berichtes.</u>

Europa verfügt derzeit über eine **Windkraftkapazität** von 285 GW, davon 248 GW an Land und 37 GW auf See.

Als Richtwert für die Zahl der Windräder an Land und Offshoire kann etwa 140.000 für Europa und 30.000 allein in Deutschland angenommen werden.

Den Link hierzu finden Sie am Ende des Berichtes.

Europa hat jetzt 285 GW Windkraftkapazität, 248 GW Onshore und 37 GW Offshore. Die EU-27 macht 231 GW der gesamten installierten Kapazität, 210 GW Onshore und 21 GW Offshore aus.

Links zu diesem Artikel:

Links zu Seite 20:
https://de.wikipedia.org/wiki/Bisphenol_A

https://tkp.at/2025/02/03/windraeder-vergiften-wildtiere-muscheln-oder-austern-und-gefaehrden-damit-die-menschliche-gesundheit/
Den ganzen Bericht lesen Sie auf Seite 250.

Link zu Seite 21:
https://tkp.at/2024/06/30/texas-erwaermung-um-072-grad-pro-jahrzehnt-durch-windparks/
Den ganzen Bericht lesen Sie auf Seite 115.

https://kurier.at/chronik/niederoesterreich/sankt-poelten/riesige-windraeder-mitten-im-wald-lastautos-brachten-rotorblaetter/402057505

https://tkp.at/2023/07/20/16-millionen-baeume-fuer-schottische-windparks-gerodet/

https://windeurope.org/intelligence-platform/product/wind-energy-in-europe-2024-statistics-and-the-outlook-for-2025-2030/

Windsterben:
Sorgt Windenergie für Dürre und Hitze?

Link hierzu:
https://tkp.at/2023/01/16/windsterben-sorgt-windenergie-
fuer-duerre-und-hitze/

Autor: Thomas Oysmüller

Bild: Christian1311,Windpark Andau-Halbturn; Burgenland;
Österreich,CC BY-SA 3.0

**Österreich will die Genehmigung zum Bau für
Windparks erleichtern. So soll der Ausbau von
Windenergie weiter beschleunigt werden.
Doch sorgen Windparks in Wahrheit sogar für Dürre und
höhere Temperaturen? Das belegte „Windsterben" ist
ein Phänomen, das kaum Beachtung findet.**

Eine Debatte, ob mehr Wind- und Solarkraft tatsächlich den erwünschten Effekt auf die Erderwärmung hat, gibt es gar nicht.
Gefragt wird: Wo und wie schnell werden die nächsten Windräder gebaut? Zu den umweltschädlichen Auswirkungen der gewaltigen und mittlerweile ganz normalen Riesen in der Landschaft gibt es jedoch keine Fragen. Windkraft ist neben der Solarenergie der „sichere und wirksame" Weg zur Rettung vor dem Klimawandel.

Windwahn?

Mitten in Wäldern werden die Räder mittlerweile hingebaut. Dafür wird Wald gerodet, der unbestreitbar CO2 absorbieren würde. **Für den Windpark in St. Pölten wurden im März fünf Hektar Wald gerodet.**
Wie viel Wald in den letzten zehn Jahren für die „grüne" Windkraft gerodet wurde, müsste man im Landwirtschaftsministerium nachfragen (wohl am besten mit einer parlamentarischen Anfrage). Die neue und schnellere Umweltverträglichkeitsprüfung, die die Bundesregierung nun umsetzen will, soll die Umsetzung solcher Projekte beschleunigen.

<u>**Den Link hierzu finden Sie am Ende dieses Berichtes.**</u>

Dass vor allem Vögel und Insekten durch die riesigen Rotoren bedroht sind, weiß man. Doch die Windenergie könnte auch massiven Einfluss auf das Klima selbst haben. 2017 gestand die deutsche Oberbehörde ein, dass laut Messwerten die Windgeschwindigkeit abnehme, „Global terrestrial stilling" wird das Phänomen bezeichnet. Dass es in der Umgebung von Windkraft-Anlagen zu höheren Temperaturen kommt, ist de facto belegt. 2018 kam eine (von vielen) entsprechenden Studien aus

Harvard, die erhöhte Temperaturen und weniger
Bodenfeuchte gemessen hatte.
Hinter den Windrädern ist der Boden und die Luft weniger
feucht.

Die Ursache: die Umwälzung der natürlichen
Temperaturschichten durch die Windräder.

<u>Den Link hierzu finden Sie am Ende des Berichtes.</u>

Höhepunkte
- Windenergie reduziert Emissionen, verursacht aber
  klimatische Auswirkungen wie wärmere Temperaturen
- Erwärmungseffekt am stärksten in der Nacht, wenn die
  Temperaturen mit der Höhe zunehmen
- Erwärmungseffekt in der Nacht in 28 in Betrieb
  befindlichen US-Windparks beobachtet
- Die Erwärmung durch Wind kann die vermiedene
  Erwärmung durch verringerte Emissionen ein Jahrhundert
  lang übersteigen

Weitere Studien schließen, dass das Risiko von Dürren
steigen würde und zu weniger Niederschlag führe. Dieses
Phänomen ist weithin recht unbekannt, wenngleich es
bereits vereinzelte Faktenchecks aus dem Mainstream gibt.

Die These: Bei den Wechselwirkungen zwischen Windkraft-
Turbinen und Luftschichten werden die Wärme- und
Feuchtigkeits-Strömungen zwischen Oberfläche und
Atmosphäre entscheidend beeinflusst.
Verschwörungstheorie, sagt die **Mainstreampresse**, Politik
und Windlobby. Die rückläufigen Windgeschwindigkeiten
sind allerdings belegt, **das bestätigte etwa auch der
„Deutsche Wetterdienst" im Jahr 2017.**

Windsterben

Die freie Journalistin und Historikerin Dagmar Jestremski recherchiert schon seit Jahren zu windkritischen Erkenntnissen in der Forschung. Doch diese bleiben „ohne Widerhall in der Öffentlichkeit", schreibt sie.
Diese passten nicht in den Zeitgeist und das staatliche Dogma. **Ein 15-seitiges Papier** von Jestremski für die Bürgerinitiative **„Rettet Brandenburg"** fasst die Erkenntnisse zusammen.

Dort schreibt sie etwa:
„Rückläufige Windgeschwindigkeiten für Deutschland bezeugen auch die Ergebnisse einer am 5. Oktober 2020 veröffentlichten Studie der Deutschen WindGuard im Auftrag des Bundesverbands WindEnergie e.V. mit dem Titel

„Volllaststunden von Windenergieanlagen an Land – Entwicklung, Einflüsse, Auswirkungen".
Danach hat sich die mittlere spezifische Nennleistung der Windenergieanlagen (MSN = das Verhältnis von der Nennleistung der WKA zu ihren Rotorkreisflächen) in Deutschland von 2012 bis 2019 beständig verschlechtert, dies, obwohl Windenergie seit 20 Jahren immer effektiver und inzwischen aus Höhen deutlich über 200 m abgeschöpft wird."
<u>**Den Link hierzu finden Sie am Ende des Berichtes.**</u>

Die PDF Datei liegt mir vor, schreiben Sie mich an, ich sende Sie ihnen zu. traude-schubert@gmx.de

Der Grund: das „Windsterben".
In ihrem alarmierenden Papier zum „Windsterben"
schreibt die Wissenschaftlerin weiter:
    „Eigentlich müsste den Verantwortlichen daher
    27

*klar sein, dass ein fortgesetzter exponentieller
Ausbau der Windenergie, wie er aufgrund des
europäischen „Green Deal" geplant ist, ein
Abschalten des natürlichen Windhaushalts
bedeutet, das sehr bald in eine Katastrophe
münden wird – wenn uns nicht die Katastrophe
bereits eingeholt hat!*

*Die plötzlich virulent gewordene Dürre der letzten
drei Jahre sollte doch allen Verantwortlichen als
allerletzte Warnung dienen!"*

<u>Den Link hierzu finden Sie am Ende des Berichtes.</u>

*Chinese Academy of Sciences" (Huang et al.), Peking,
kommt zu dem Ergebnis, dass die*
kontinuierliche Abnahme von atmosphärischem Wind auf der
Nordhalbkugel ein weit
verbreitetes und inzwischen potentiell globales Phänomen
ist.
Ein „europaweites Moratorium" aus unabhängigen
Wissenschaftlern sei „dringend benötigt".
Auch um die *„Tabuisierung von Ursache und Wirkung, d.h.
eine Verweigerung der Anerkennung des Zusammenhangs
zwischen der exponentiell betriebenen Windenergie-
Abschöpfung und der dadurch provozierten Windflaute"* zu
brechen, fordert sie.

Österreichs Regierung hat einen ganz anderen Plan.
Die Umweltverträglichkeitsprüfung soll gelockert werden.
Dann könnten Verfahren zur Genehmigung großer neuer
Windparks schneller gehen.

Seit 2010 hat sich die Zahl an Windkraftanlagen in

Österreich fast verdoppelt. Trotzdem titelte etwa der Standard im April 2022:
> *„Wo bleiben die ganzen Solaranlagen und Windräder in Österreich?"*

Für Politik, Wirtschaft und Medien kann es nicht genug Windräder geben. Das neue Gesetz würde es dann erleichtern, Windparks auf Almen, im Gebirge in Wäldern oder sonst wo zu bauen.

Aber das bei der Umweltverträglichkeitsprüfung der abflauende Wind überhaupt zum Thema kommt, darf ohnehin bezweifelt werden.
TKP-Recherchen legen jedenfalls Nahe, dass durch die polit-wirtschaftlichen Interessen an den staatlichen Institutionen sehr wenig umfassende Forschung zu den meteorologischen Effekten des Windkraft-Ausbaus ermöglicht werden.

Man darf annehmen: Zweifellos reduziert der Umstieg auf Windkraft die CO2-Produktion, darum geht es.

Das sagen Greta Thunberg, Luisa Neubauer und „der Konsens der Wissenschaft" schon seit Jahren.
Auswirkungen auf das Wetter und die Umwelt, dürften nicht so wichtig sein.
TKP wird bei diesem hochbrisanten Thema dranbleiben.

<u>Links zu diesem Artikel:</u>

Link zu Seite 23:
Christian1311,Windpark Andau-Halbturn; Burgenland; Österreich,CC BY-SA 3.0

Link zu Seite 24:

https://kurier.at/chronik/niederoesterreich/sankt-poelten/
riesige-windraeder-mitten-im-wald-lastautos-brachten-
rotorblaetter/402057505

Link zu Seite 25:
https://www.sciencedirect.com/science/article/pii/
S254243511830446X

Link zu Seite 26:
http://www.vi-rettet-brandenburg.de/intern/dokumente/
Windsterben.pdf

Link zu Seite 27:
http://www.vi-rettet-brandenburg.de/intern/dokumente/
Windsterben.pdf

Atlantik-Hitzerekord menschengemacht – durch: Umweltschutz

Bild NASA, ShipTracks, als gemeinfrei gekennzeichnet, Details auf Wikimedia Commons

Link hierzu:
https://tkp.at/2023/08/06/atlantik-hitzerekord-menschgemacht-durch-umweltschutz/

Autor: Assoc.Prof. Dr. Stephan Sander-Faes

**Gemäß *Science* (der Zeitschrift) trägt „weniger Luftverschmutzung zur globalen Erwärmung bei" was „für eine Rekord-Erwärmung der Ozeane [sorgt]".
Des Westens erbitterter Kampf mit – gegen – die Realität tritt in eine neue Phase, in der die wissenschaftliche Methode die Machenschaften von „der Wissenschaft™" entlarvt.
Ein Bericht von der Front im Kampf um die Zukunft unserer Kinder.**

Es ist nicht allzu lange her, da gingen atemlose Meldungen in den sozialen Medien x-mal um die Welt, bevor, um mit Churchill zu sprechen, „die Wahrheit die Chance hatte, ihre Hose anzuziehen".
TKP hat berichtet, u.a. über die atemlosen Reaktionen in den „Leit- und Qualitätsmedien", die im virtuellen Gleichschritt einen Tweet des emeritierten Mathematik-Professors Eliot Jacobson brachten:

Die Links hierzu stehen am Ende des Berichtes.

Nebenbei: *CNN* hat aus Jacobson, der als Mathematiker u.a. die Wahrscheinlichkeit von Glücksspiel (drei Bücher) erforschte und sonst Lyrik schreibt, einen **„Klima-Experten"** gemacht…

Der Link hierzu steht am Ende des Berichtes.

Der Einstieg in den einschlägigen **Beitrag** im öffentlich-rechtlichen norwegischen Staatsfunk *NRK* lautet:
„Diese Grafik geht viral. Was passiert mit dem Ozean?"

Der Link hierzu steht am Ende des Berichtes.

Nun gibt es eine Antwort, und die wird Sie wohl doch ein wenig überraschen.

„Wir verändern die Wolken".
Geo-Engineerings führt zu einer Rekord-Erwärmung der Ozeane
Wie Paul Voosen kürzlich am 2. Aug. 2023 in *Science* (der Zeitschrift) **berichtete**, ist die Ursache der ozeanischen Rekord-Hitze „die Verringerung der Umweltverschmutzung [durch] die ‚**ship track,** [etwa: „Schiffsspur", Anm.]-Wolken verringert und trägt zur globalen Erwärmung bei".

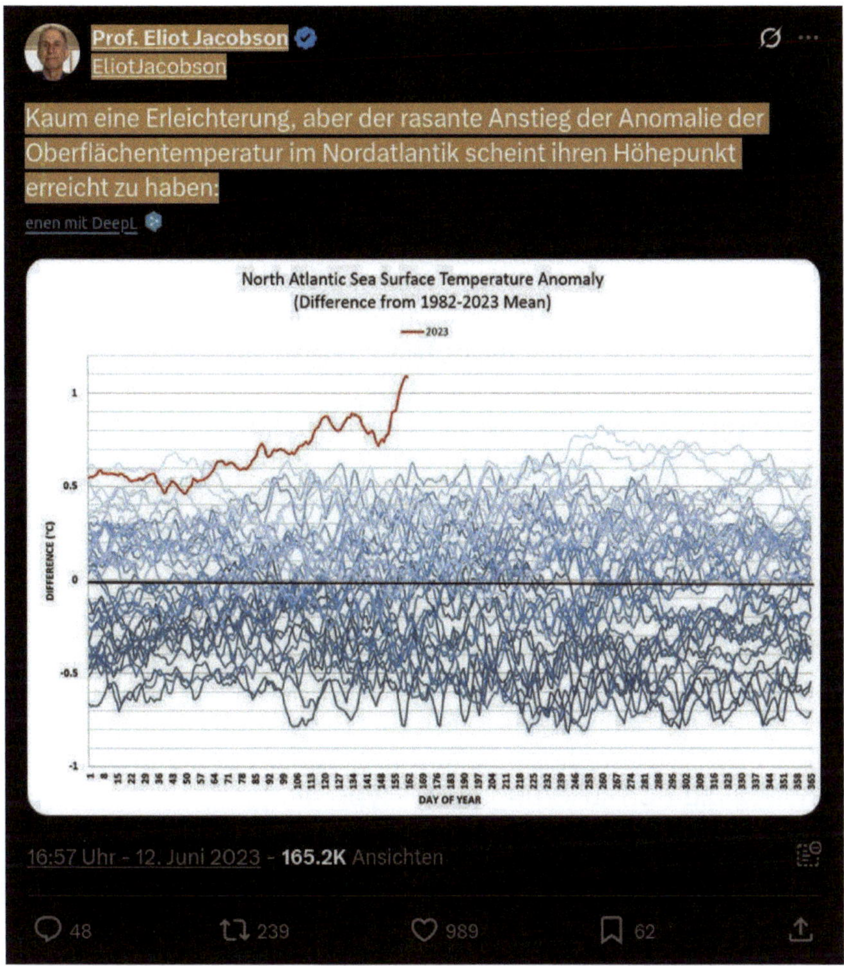

Die Links hierzu stehen am Ende des Berichtes.

Aufgrund der Bedeutung des Beitrags habe ich diesen (in großen Teilen) übersetzt; die Hervorhebungen und die Ausdeutungen am Ende stammen von mir.

Der Atlantische Ozean hat **Fieber**.

33

Die Gewässer vor Florida haben sich in eine heiße Wanne verwandelt und das drittgrößte Barriereriff der Welt ausgebleicht. Vor der Küste Irlands wurde extreme Hitze für das Massensterben von Seevögeln verantwortlich gemacht. Jahrelang erwärmte sich der Nordatlantik langsamer als andere Teile der Welt. Doch jetzt hat er aufgeholt, und das nicht zu knapp. Im vergangenen Monat [Juli, Anm.] stieg die **Meeresoberflächentemperatur auf einen Rekordwert von 25 Grad** Celsius – d.h. fast 1 Grad Celsius wärmer als der bisherige Höchstwert aus dem Jahr 2020 – und die **Temperaturen haben noch nicht einmal ihren Höhepunkt erreicht**.

„Dieses Jahr war verrückt", sagt Tianle Yuan, ein Atmosphärenphysiker am Goddard Space Flight Center der NASA.

Wie in der Wissenschaft üblich, folgt auf diesen starken Einstieg die Formulierung einer Hypothese:

Die offensichtliche und **wichtigste Ursache für diesen Trend ist der Ausstoß von Treibhausgasen durch die Menschheit**, die die Wärme, die die Ozeane ständig aufnehmen, abfangen. Ein weiterer Einfluss ist das Wetter der letzten Zeit, insbesondere die stockenden Hochdrucksysteme, die die Wolkenbildung unterdrücken und die Ozeane in der Sonne braten lassen.

Nebenbei: solche Aussagen können nicht falsifiziert werden und sind, gemäß Karl Poppers Fallsifikationstheorem, ein

Zeichen dafür sind, dass sie: *unwissenschaftlich* sind.

Doch nun treten Zweifel auf, denn

> **jetzt werden die Forscher auf einen weiteren Faktor aufmerksam**, der unter die Kategorie unbeabsichtigte Folgen fallen könnte: verschwindende Wolken, die als **Schiffsspuren** bekannt sind. **Die von der Internationalen Seeschifffahrts-organisation der Vereinten Nationen** [International Maritime Organization,

> IMO, Anm.] **bis 2020 erlassenen Vorschriften haben die Schwefelverschmutzung durch Schiffe um mehr als 80% reduziert** und die Luftqualität weltweit verbessert.

> **Diese Reduktion hat auch die Wirkung von Sulfatpartikeln bei der Bildung und Aufhellung der charakteristischen tief liegenden, reflektierenden Wolken verringert, die im Kielwasser von Schiffen entstehen und zur Kühlung des Planeten beitragen**. „Die IMO-Regulierung von 2020 ist ein großes natürliches Experiment", so Duncan Watson-Parris, Atmosphärenphysiker am Scripps Institution of Oceanography.
> „Wir verändern die Wolken."

„The Chief Source of Problems is Solutions" (Eric Sevareid)

Und damit kommen wir auch schon zu den Details dieser spannenden Entwicklungen:

Durch die drastische Verringerung der Zahl der Schiffsspuren hat sich der Planet schneller erwärmt, wie mehrere neue Studien zeigen. Dieser Trend wird im Atlantik, wo der Seeverkehr besonders dicht ist, noch verstärkt. **In den Schifffahrtskorridoren verstärkt das zunehmende Licht den Erwärmungseffekt der menschlichen Kohlenstoffemissionen um 50%. Das ist so, als ob die Welt plötzlich die kühlende Wirkung eines ziemlich großen Vulkanausbruchs pro Jahr verlieren würde**, sagt Michael Diamond, Atmosphärenforscher an der Florida State University.

Das durch die IMO-Regeln geschaffene natürliche Experiment bietet Klimawissenschaftlern die seltene Gelegenheit, ein Geo-Engineering-System in Aktion zu beobachten – auch wenn es in die falsche Richtung wirkt.
Eine solche Strategie zur Verlangsamung der globalen Erwärmung, die so genannte marine Wolkenaufhellung, sieht vor, dass Schiffe Salzpartikel in die Luft zurückspritzen [orig. „inject salt particles back into the air"], **um die Wolken reflektierender zu machen.**

Für Diamond ist der dramatische Rückgang der Schiffsspuren ein klarer Beweis dafür, dass die Menschheit den Planeten durch eine Aufhellung der Wolken deutlich abkühlen könnte. „Es deutet ziemlich stark darauf hin, dass man es schaffen könnte, wenn man es absichtlich tun würde", sagt er.

Und hier sehen Sie, wie absurd manche Protagonisten „der Wissenschaft" sind: nun verschärft sich das eine Problem (Erderwärmung) als Folge der gewiss gut gemeinten Regulierung (Reduktion) der Schwefelpartikel-Emission der Frachtschiffe – und die „Lösung" ist, Geo-Engineering in großem Stil auszuweisen.
Was kann schon schief gehen…? [Für das o.a. Zitat von Eric Sevareid siehe Stan COX, *Losing our Cool: The Uncomfortable Truths About Our Air-Conditioned World (and Finding New Ways to Get Through the Summer)*, New York, 2010, S. 150.]

„Experten" bei der Arbeit, oder: die Normalisierung von Geo-Engineering

„Der Einfluss der Umweltverschmutzung auf die Wolken ist nach wie vor eine der größten Unsicherheitsquellen, wenn es darum geht, wie schnell sich die Welt erwärmen wird", sagt Franziska Glassmeier, Atmosphärenforscherin an der Technischen Universität Delft. Fortschritte beim Verständnis dieser komplexen Wechselwirkungen sind nur langsam zu verzeichnen.
Wolken sind so variabel", sagt Glassmeier…

Schon vor den IMO-Vorschriften waren Schiffsspuren ein Ziel für Forscher, um diese [Geo-Engineering-]**Ideen zu testen.** Angesichts ihres auffälligen Aussehens waren diese linearen Wolken ein natürlicher Kandidat für eine auf künstlicher Intelligenz basierende Bilderkennung, sagt Yuan. Mithilfe solcher Techniken und zwei Jahrzehnten kalibrierter Bilder von den maroden **NASA-Satelliten Terra und Aqua** entdeckten Yuan und seine Mitautoren **zehnmal mehr**

Schiffsspuren als zuvor mit manuellen Techniken identifiziert wurden.
In ihrer Studie, die letztes Jahr in *Science Advances* veröffentlicht wurde, stellten sie außerdem fest, dass diese Spuren in den wichtigsten Schifffahrtskorridoren nach den IMO-Vorschriften um mehr als 50% zurückgegangen sind.

<u>**Die Links hierzu stehen am Ende des Berichtes.**</u>

Wissenschaft mit Methode

In einer neueren Arbeit gehen sie noch einen Schritt weiter und berechnen die Abkühlung, die mit der aufhellenden Wirkung der Bahnen und der Art und Weise verbunden ist, wie die Verschmutzung die Lebensdauer der Wolken verlängert.

Die IMO-Vorschriften haben den Planeten um 0,1 Watt pro Quadratmeter erwärmt – das ist doppelt so viel wie die Erwärmung, die durch die von Flugzeugen verursachten Wolkenveränderungen verursacht wird, schlussfolgern die Forscher in einer Arbeit, die derzeit im Peer Review-Verfahren ist.

Die Auswirkungen werden in Regionen mit starkem Schiffsverkehr, wie dem Nordatlantik, noch verstärkt, wo die verschwindenden Wolken einen „Schock für das System" darstellen, so Yuan. **Die Zunahme des Sonnenlichts, die durch den Mangel an reflektierendem Saharastaub über dem Ozean in diesem Jahr**

noch verschlimmert wurde, „kann für den größten Teil der in diesem Sommer im Atlantik beobachteten Erwärmung verantwortlich sein", sagt er.

Und hier ist die Eleganz der wissenschaftlichen Methode ersichtlich: Paul Voosen falsifiziert damit seine einleitende Behauptung über den vom Menschen verursachten Klimawandel.

Doch damit nicht genug:

> **Anstatt sich auf sichtbare Spuren zu konzentrieren, begannen Watson-Parris und seine Kollegen mit den Standortdaten der Schiffe und kombinierten diese Koordinaten mit Wetteraufzeichnungen, um zu ermitteln, wohin die Verschmutzung durch die Schiffe wanderte**. Sie verglichen die Wolken an diesen

Orten mit nahe gelegenen Wolken, die frei von jeglicher Verschmutzung durch Schiffe waren. In der Fachzeitschrift *Nature* **berichteten** sie im vergangenen Jahr, dass diese „unsichtbaren" Schiffsspuren nicht nur wie üblich tief liegende Meereswolken verstärkten, sondern auch das Volumen der bauschigen Kumuluswolken weiter oben in der Atmosphäre deutlich erhöhten, von denen man bisher annahm, dass sie gegen den Einfluss der Schiffsverschmutzung immun seien. **Sie kamen zu dem Schluss, dass die Luftverschmutzung dazu führen könnte, dass die Wolken das Klima in etwa doppelt so stark abkühlen wie bisher angenommen.**

Als das Team dann jedoch die Auswirkungen der IMO-Vorschriften auf diese unsichtbaren Spuren untersuchte, erlebten sie einen Schock: Der Rückgang der Verschmutzung führte nicht dazu, dass die Kumuluswolken weniger aufgeblasen waren, berichten sie in einem neuen **Preprint** in *Atmospheric Chemistry and Physics* (ACP). **Das deutet darauf hin, dass diese Wolken einen Sättigungspunkt haben, nach dem zusätzliche Verschmutzung ihre Tiefe kaum noch erhöht**, sagt Watson-Parris. **„Wir haben 80% der Aerosole entfernt, aber das bringt uns immer noch nicht in die Nähe des vorindustriellen Zustands.“**

<u>**Die Links hierzu stehen am Ende des Berichtes**</u>.

Erlauben Sie mir folgende Übersetzung: Unsere Hypothese war völlig falsch, und wir tun uns schwer damit, unsere vorgefassten Meinungen aufzugeben, da dies höchstwahrscheinlich dazu führen würde, dass unsere Finanzierungsströme versiegen; auch dies ist übrigens *keine* Wissenschaft.

Und dies bringt uns schließlich zu der Kernaussage des Beitrags in *Science*:

Eine dritte Möglichkeit besteht darin, die Auswirkungen der Verschmutzung durch Schiffe auf die Wolken zu erforschen, sie nicht in ihrer Gesamtheit zu untersuchen, sondern vielmehr einzelne Meeresabschnitte hinein zu zoomen, in denen die Winde parallel zu den Schifffahrts-routen verlaufen und die Verschmutzung eng eingekreist halten. Ein solcher Abschnitt befindet

40

sich im südöstlichen Atlantik, vor der Küste
Angolas. Bei der Beobachtung dieser Region mit
dem Terra-Satelliten stellte Diamond fest, dass
die Größe der Wolkentröpfchen bei geringerer
Verschmutzung in den letzten zwei Jahrzehnten
bei weitem am größten geworden war.

**Ausgehend davon schätzt Diamond in einem
Artikel, der letzte Woche in der ACP
veröffentlicht wurde, dass die IMO-
Vorschriften weltweit eine Erwärmung in der
Größenordnung der von Yuan beobachteten
verursacht haben.**

Später in diesem Jahr werden Diamond, Yuan
und andere im Rahmen des kleinen
Geoengineering-Forschungsprogramms der
National Oceanic and Atmospheric Administration
damit beginnen, ihre Techniken zur Untersuchung
der Wechselwirkung von Umweltverschmutzung
und Wolken zu vergleichen.
In ein paar Jahren, so Wood, „werden wir wirklich
etwas über diese Wolkenanpassungen zu sagen
haben“.

„Do your own research“ ist wichtiger denn je

Yuan und seine Kollegen haben bereits gezeigt, dass „die
IMO-Regeln die globale Erwärmung verursacht haben“, um
praktisch das ganze Bruahahaha in den gebildetsten und
bestinformierten „Experten“-Kreisen und deren Verstärker in
den „Leit- und Qualitätsmedien“ zu erklären.

Sie alle stehen nackt vor uns, wie der sprichwörtliche Kaiser,
der keine Kleider trägt.

Wir als Gesellschaft haben offensichtlich den Realitätshorizont durchbrochen. Wir wissen nun, dass die oben skizzierten „Umweltschutz"-Vorschriften den unbeabsichtigten Effekt haben, die Ozeane markant zu erwärmen.

Anstatt diese Vorschriften aufzuheben, verdoppeln und vervierfachen wir nun diesen Wahnsinn: „seriöse" Wissenschaftler fordern nun, die kühlende Wirkung der Luftverschmutzung *künstlich* wiederherzustellen.
So etwas kann man sich nicht ausdenken.
Dies aber ist wohl noch um einiges absurder und gefährlicher als Dinge, für die man in den sog. „Maßnahmenvollzug" gesteckt wird, denn wir haben keinerlei Ahnung von den möglichen Folgen, ganz zu schweigen von den unbeabsichtigten Folgen.

Wohlgemerkt, ich bin nicht für eine Rückkehr zu einer praktisch unbegrenzten Umweltverschmutzung, wie sie vor der Regulierung herrschte, aber als kurzfristige Lösung scheint dies eine bessere Idee zu sein als alles andere.

Doch während die Auswirkungen schwindelerregend sind, gibt es noch einen anderen Aspekt, auf den ich eingehen möchte, wenn auch nur kurz, da er meinem eigenen „Fachwissen" sehr viel näher kommt, nämlich die postmittelalterliche, vorindustrielle europäische Geschichte:

In früheren Zeiten wurden diejenigen, die kontroverse Ideen oder „ketzerisches" Gedankengut vertraten, oft von lokalen Beamten, Kirchenvertretern und herrschaftlichen Akteuren brutal verfolgt. Dies gilt buchstäblich für Galileo Galilei (1564-1642) und vor allem für Giordano Bruno (1548-1600), der in Rom auf dem Scheiterhaufen verbrannt wurde.

Die heutige „Cancel Culture" ist vielleicht weniger offensichtlich gewalttätig, aber sie steht der Bösartigkeit und Gefahr für die offene Gesellschaft in nichts nach.

Als „Kollateralschaden" steht im Raum, dass wir eine der größten Errungenschaften Europas, die wissenschaftliche Methode, ermorden.

Und auch wenn mir die bisweilen quasi-religiöse Ersatzfunktion von „the Science™" für traditionelle religiöse und/oder philosophische Argumentationslinien nicht ganz geheuer ist, so hat uns die Wissenschaft doch einen objektiveren Weg zum Verständnis unseres Planeten eröffnet, im Guten (z.B. Abwasserentsorgung, Astronomie) wie im Schlechten (z.B. Atombomben, modRNA-Covid-‚Impfstoffe').

Was wir in diesem Jahr erleben, ist jedoch die Negation der Wissenschaft oder Anti-Wissenschaft, wobei der obige Artikel ein seltener Anflug von Vernunft in einer Flut von Desinformationen ist.

Wenn wir als Gesellschaft vorschnell ein Urteil fällen, die Politik für Jahrzehnte verändern und dies auf der Grundlage (bestenfalls) fehlerhafter Hypothesen tun, begeben wir uns in die Gefahrenzone.

Bleibt zu hoffen, dass es nicht Jahrhunderte dauert, bis die offiziellen Wahrsager ihre falschen Einschätzungen korrigieren.

Die katholische Kirche brauchte bis 1835, um Galileis Abhandlung aus dem Verzeichnis der verbotenen Literatur zu streichen und nimmt sich im Vergleich zu der aktuellen

„Cancel Culture" in den „Leit- und Qualitätsmedien" als Hort der Vernunft aus.

Wenn wir die wissenschaftliche Methode nicht wiederherstellen, wird die Katastrophe in den ältesten Formen der Menschheit – den vier apokalyptischen Reitern – kommen: Pestilenz (Sars-Cov-2 und seine „Heilmittel", die nächste Pandemie kommt bestimmt…), Krieg (Ukraine und/oder anderswo, z.B. Niger, mit **westlichen Verbündeten,** die zur „Intervention" aufrufen), Hungersnot (erinnern Sie sich an den „Getreide-Deal"?) und Tod.

<u>Der Link hierzu steht am Ende des Berichtes.</u>

All dies wird sich noch verstärken, wenn wir die falschen Propheten – in Politik, Forschung und den „Leit- und Qualitätsmedien" – nicht öffentlich anprangern und gleichzeitig eine Rückbesinnung auf westliche Traditionen wie Wissenschaft, Freiheit und Eigenverantwortung nicht nur fordern, sondern auch leben.

Es gibt also genug zu tun.

<u>Hier die Links zu o.g. Texten:</u>
Links zu Seite 30
<u>Wikimedia Commons</u>

Links zu Seite 31:
<u>https://tkp.at/2023/06/16/klima-panikmache-daten-schindluder-und-propaganda/</u>

<u>https://x.com/EliotJacobson/status/1668271214882615298?ref_src=twsrc%5Etfw%7Ctwcamp%5Etweetembed%7Ctwterm%5E1668271214882615298%7Ctwgr%5E57f6b8408a4937c688ac5cb958f1b93e0e315b8c</u>

%7Ctwcon%5Es1_&ref_url=https%3A%2F%2Ftkp.at%2F2023%2F08%2F06%2Fatlantik-hitzerekord-menschgemacht-durch-umweltschutz%2F
https://edition.cnn.com/videos/world/2023/07/25/exp-climate-crisis-disaster-eliot-jacobson-vause-intv-07251aseg1-cnni-world.cnn

Seite 31:
https://www.nrk.no/klima/disse-grafene-gar-viralt_-hva-skjer-med-havet_-1.16446730

Seite 33
https://www.science.org/content/article/changing-clouds-unforeseen-test-geoengineering-fueling-record-ocean-warmth

https://en.wikipedia.org/wiki/Ship_tracks#References

Seite 37
https://www.science.org/content/article/nasa-s-drifting-climate-satellites-could-find-new-life-wildfire-and-storm-watchers

https://www.science.org/doi/10.1126/sciadv.abn7988

Seite 39
Shttps://www.nature.com/articles/s41586-022-05122-0

https://egusphere.copernicus.org/preprints/2023/egusphere-2023-813/

Seite 43
https://www.theguardian.com/world/2023/aug/04/nigeria-ecowas-ready-to-flex-muscle-niger-coup-russia

Waldrodung für Windräder?
Die Waldviertler brauchen Unterstützung!

Link hierzu:
https://tkp.at/2023/09/22/waldrodung-fuer-windraeder-die-waldviertler-brauchen-unterstuetzung/

Autor: Dr. Peter F. Mayer

Den österreichischen Grünen ist das Waldviertel zu grün. Deshalb sollen dort Wälder niedergerissen werden, damit Windräder aufgestellt werden können. Das nennt sich dann „erneuerbare Energie", obwohl das ein physikalischer Schwachsinn ist, denn Energie kann nur umgewandelt, aber weder verbraucht noch erneuert werden – so der Erhaltungssatz für Energie. Dabei würde mehr CO2 in der Luft das Waldwachstum sogar beschleunigen.

Dagegen haben sich Bürgerinitiativen im Waldviertel gebildet, die zur Unterzeichnung einer Petition aufrufen: **Die IG Waldviertel,** eine Kooperation überparteilicher Bürgerinitiativen bittet, eine Petition gegen geplante Windparks im Bezirk Waidhofen a.d. Thaya zu unterschreiben.
Auf ihrer Internetseite stehen eine detaillierte Infobroschüre sowie ein Petitionsblatt zur Verfügung.
Die an das Amt der NÖ. Landesregierung gerichtete Petition sollte bis spätestens 30. Sept. an die IG Waldviertel gesendet werden (auch gescannt/fotografiert per E-Mail).

Alle Infos hier:
https://www.igwaldviertel.at/

Aufruf der Wissenschaftlichen Initiative Gesundheit Österreich

Das nördliche Waldviertel ist eine der gesündesten Regionen Österreichs. Gesund als Ökosystem, aber auch gesund für den Menschen.
Nun sollen beträchtliche Waldflächen dem Bau von riesigen Windparks mit den höchsten Windkraftindustrieanlagen der Welt geopfert werden.
Und zwar trotz großen Widerstands der dort lebenden Bevölkerung.

Das muss man sich auf der Zunge zergehen lassen:
Um (angeblich) das Klima zu „retten", soll der natürliche Klimaregulator Wald vernichtet und zu einer Industriezone mit blinkenden Lichtern und Zufahrtsstraßen für Schwerverkehr degradiert werden.
Wer hingegen wirklich Umweltschutz betreiben will, müsste genau das Gegenteil tun: nämlich intakte Wälder erhalten!

Windkraft – nicht um jeden Preis

Vielleicht kann Windkraft zu einer ergänzenden Form der Stromerzeugung werden. Allerdings nur dann, wenn für jede Anlage vorab sorgfältig geprüft wird, ob der Nutzen den jeweils angerichteten Schaden deutlich überwiegt.
Und genau das ist speziell im Waldviertel offensichtlich nicht der Fall:

Im Bezirk Waidhofen an der Thaya sollen aktuell alle größeren Wälder durch insgesamt 48 Windkraftanlagen zerstört werden.
Die bis zu **285 Meter hohen** Windräder verbrauchen inklusive der Zufahrtsstraßen jeweils rund 1 Hektar Land.

Insgesamt gehen aber dem Wald nicht nur rund 48 Hektar Fläche verloren:
Durch die bei den Arbeiten entstehenden Schneisen ist auch das gesamte Ökosystem für Pflanzen und Tiere zerstört.
Noch brüten sensible Arten, wie Schwarzstörche, Käuze und die seltene Kornweihe in diesen Wäldern.

Abgesehen von der Zerstörung intakter Ökosysteme können Windkraftanlagen für manche Tierarten – wie Fledermäuse und Adler – sogar tödlich sein.
Die ursprünglichen Naturwälder und unberührten Landschaften sind auch wichtiger Erholungsraum für uns Menschen und der Hauptgrund, warum Reisende ins Waldviertel kommen.
Darüber hinaus sind die gesundheitlichen Auswirkungen auf Menschen, die in der Nähe der Windräder leben, noch lange nicht ausreichend erforscht (z.B. Infraschallbelastung etc.).
Auch wenn Betreiber von Windkraftanlagen Gegenteiliges behaupten.

Die üblichen Methoden

Windenergie ist derzeit das große Geschäft, kein Wunder, dass die Lobby-Maschinerie läuft:
Mit fragwürdigen Argumenten werden Windräder sogar als „Gesundheitsbooster" bezeichnet (wir werden den wissenschaftlichen Grundlagen dieser gewagten These gesondert nachgehen), Tierschutz und der Erhalt der Biodiversität spielen plötzlich keine Rolle mehr, Umweltschutz wird lächerlich gemacht, „Bürgerbefragungen" werden verzerrt.
Und das, obwohl die Effizienz dieser Windparks im windarmen Waldviertel mehr als fraglich ist.

Fazit

Überdimensionierte Windparks im Waldviertel wären zwar ein Gewinn für deren Betreiber, aber ein Verlust für die Natur, die Menschen und die kleinen Tourismusbetriebe in der Region.
Aus Sicht der bio-psycho-sozialen Medizin ist diese Vorgangsweise unverantwortlich und kann auf kurze und auf lange Sicht großen gesundheitlichen Schaden anrichten.

Unterstützen auch Sie den Erhalt der intakten Ökosysteme, Kultur- und Naturlandschaften Österreichs!

Im Waldviertel kämpfen engagierte Menschen dafür, dass die Bevölkerung vollständig über die Pläne und deren Auswirkungen informiert wird – und dass für jedes Windkraft-Projekt eine Volksbefragung stattfindet.

Wir haben selbstverständlich die Petition der IG-Waldviertel unterschrieben.
Egal, wo in Österreich Sie wohnen: Bitte unterstützen Sie mit Ihrer Unterschrift die Waldviertler Bevölkerung, damit dieses wichtige Anliegen von der Politik ernstgenommen werden muss:

www.igwaldviertel.at

Einfach Formular herunterladen, unterschreiben und per Post oder eingescannt per E-Mail bis spätestens 30.9.2023 an die IG Waldviertel schicken.

Jede Stimme zählt.

Herzliche Grüße

Die Wissenschaftliche Initiative Gesundheit für Österreich

Verursachen Windparks Erderwärmung und Klimaschäden?

Link hierzu:
https://tkp.at/2024/02/10/verursachen-windparks-erderwaermung-und-klimaschaeden/

Autor: Dr. Peter F. Mayer

Angeblich ist der beste Klimaschutz, keine Kohlenwasserstoffe mehr zu verbrennen, die Landwirtschaft einzustellen und Insekten zu essen, mit Elektroautos zu fahren und nur mehr Strom zu verwenden, der mit Photovoltaik und Windrädern produziert wird. Für diese „Energiewende" werden riesige Solaranlagen, Windparks und Batteriespeicher benötigt. Allerdings haben wir schon gesehen, dass die Maßnahmen bei der Schifffahrt und der Bau von Solaranlagen zu Erderwärmung führt.

Welche Folgen haben aber Windräder?
Zunächst müssen wir uns daran erinnern, dass wir es beim Wetter und Klima mit hochkomplexen, nichtlinearen Systemen zu tun haben.
Einzelne Veränderungen können daher unerwartete und weitreichende Folgen haben.
Den größten Einfluss auf das Klima hat die Sonne, ihre Entfernung zur Erde, ihre Aktivität und ihr Magnetfeld.
Den größten Einfluss auf der Erde haben die Wolken und der Wassergehalt der Atmosphäre.
Wasserdampf macht bereits 95% der Wirkung der Treibhausgase aus, alles andere hat untergeordnete Bedeutung.

Auch für Physik-Nobelpreisträger John Clauser sind die Wolken die entscheidenden Einflussfaktoren, CO2 dagegen hält er für unbedeutend.

Kürzlich haben wir **in einem Artikel die Analyse** des **Energiedetektiv** skizziert, nach der es durch Solaranlagen und Wärmepumpen zur Ableitung von Wasserdampf aus der Atmosphäre durch Kondensation kommt.
Während des Tages kommt es zur konvektiven Erwärmung der Umgebung und in der Nacht zur Abkühlung mit Rückwirkung auf den Wassergehalt.
Mit PV-Anlagen greifen wir massiv in natürliche Klimaprozesse ein.
Der Austrocknungseffekt der Atmosphäre verursacht gleichzeitig eine stärkere Erwärmung bei Tag und eine lokale Abkühlung in der Nacht.

<u>Die Links hierzu finden Sie am Ende des Berichtes.</u>

Kollege Sander-Faes hat in diesem Artikel gezeigt, wie im Atlantik Hitzerekorde verursacht werden durch Umweltschutz-Maßnahmen bei den Frachtschiffen:
Wie Paul Voosen kürzlich am 2. Aug. 2023 in Science (der Zeitschrift) berichtete, ist die Ursache der ozeanischen Rekord-Hitze „die Verringerung der Umweltverschmutzung [durch] die ‚ship track, [etwa: „Schiffsspur", Anm.]-Wolken verringert und trägt zur globalen Erwärmung bei.

<u>Den Link hierzu finden Sie am Ende des Berichtes.</u>

Gemäß Science (der Zeitschrift) trägt „weniger Luftverschmutzung zur globalen Erwärmung bei" was „für eine Rekord-Erwärmung der Ozeane [sorgt]".
Des Westens erbitterter Kampf mit – gegen – die Realität tritt in eine neue Phase, in der die wissenschaftliche

*Methode die Machenschaften von „der Wissenschaft™"
entlarvt.*
*Ein Bericht von der Front im Kampf um die Zukunft unserer
Kinder.*

<u>Den Link hierzu finden Sie am Ende des Berichtes.</u>

*Der Atlantische Ozean **ist voller Fieber**.*
*Die Gewässer vor Florida sind zu einem Whirlpool geworden
und bleichen das drittgrößte Barriereriff der Welt. Vor der
Küste Irlands war extreme Hitze in den Massentod von
Seevögeln verwickelt.*
*Jahrelang erwärmte sich der Nordatlantik langsamer als
andere Teile der Welt. Aber jetzt hat es aufgeholt, und dann
einige.*
*Letzten Monat stieg die Meeresoberfläche dort auf einen
Rekordwert von 25°C – fast 1°C wärmer als das vorherige
Hoch, das 2020 aufgestellt wurde – und die Temperaturen
haben noch nicht einmal ihren Höhepunkt erreicht.*
*„Dieses Jahr war es verrückt", sagt Tianle Yuan, ein
Atmosphärenphysiker am Goddard Space Flight Center der
NASA.*

<u>Den Link hierzu finden Sie am Ende des Berichtes.</u>

Die neuzeitliche Nutzung der Windenergie begann jedoch
erst 1997. Im vergangenen Jahr – am 2. Juli 2023 – wurde
das 25-jährige Bestehen des Windparks Zurndorf gefeiert.
1998 ging in Zurndorf der erste Windpark des Burgenlandes
mit sechs Windkraftanlagen in Betrieb.
Heute hat dieser Windpark eine Maximalleistung von über
52 Megawatt. Für Ende 2023 rechnete die IG Windkraft mit
insgesamt 469 Windkraftwerken und einer Gesamtleistung
von 1.427 Megawatt.

**Bild 1: Diese alte Windmühle in Podersdorf wurde 1849 errichtet, um Getreide zu mahlen.
Sie dokumentiert die frühe Nutzung von Windenergie im Burgenland.**

Die installierte Windkraftleistung pro Einwohner beträgt im Bezirk Neusiedl am See immerhin ca. 20,2 kW pro Person. Wir haben im Burgenland eine Situation, bei der alleine aus Windkraft auf recht begrenztem Raum mehr Strom gewonnen wird, als das Bundesland selbst verbraucht. Die jährliche Windstromerzeugung beträgt 3 Milliarden kWh und liegt damit bei 177% des burgenländischen Stromverbrauchs.

Im Burgenland konzentriert sich die hohe Windkraftleistung auf eine relativ kleine Fläche, bestehend aus den nördlichen Bezirken Neusiedl am See, Eisenstadt-Umgebung, Mattersburg und Oberpullendorf.

Gleichzeitig erfolgte der Windkraftausbau innerhalb einer relativ kurzen Epoche. Damit liegt eine Situation vor, bei der die Frage der Windkraft gut untersucht werden kann.

Die österreichische Zentralanstalt für Meteorologie und Geodynamik publiziert u.a. laufend Daten zur Lufttemperatur. Die Station Eisenstadt befindet sich faktisch ideal innerhalb jener Region, in der dieser massive Ausbau an Windkraft erfolgte. Mittelwerte der Lufttemperatur stehen dabei sowohl für die Jahre nach dem Beginn des Ausbaus als auch für eine ausreichend lange Zeit davor zur Verfügung.

Die daraus zu ziehenden Schlussfolgerungen sind leider sehr beunruhigend.
Dies zeigt bereits unser erstes Diagramm (Bild 3). In dieser Auswertung finden wir den Verlauf der monatlichen Mittelwerte der Lufttemperatur für die gesamt verfügbare Messreihe ab Jänner 1961.
Die farbliche Trennung des Temperaturverlaufs markiert den Unterschied zwischen der Zeit vor bzw. nach Windkraftnutzung.

Bild 3: Temperaturverlauf seit 1961;
die blaue Kurve entspricht der Zeit ohne Nutzung der Windkraft.
Die grüne Kurve zeigt den Verlauf ab Nutzung der Windenergie.
Die Veränderung im linearen Trend ist höchst alarmierend!

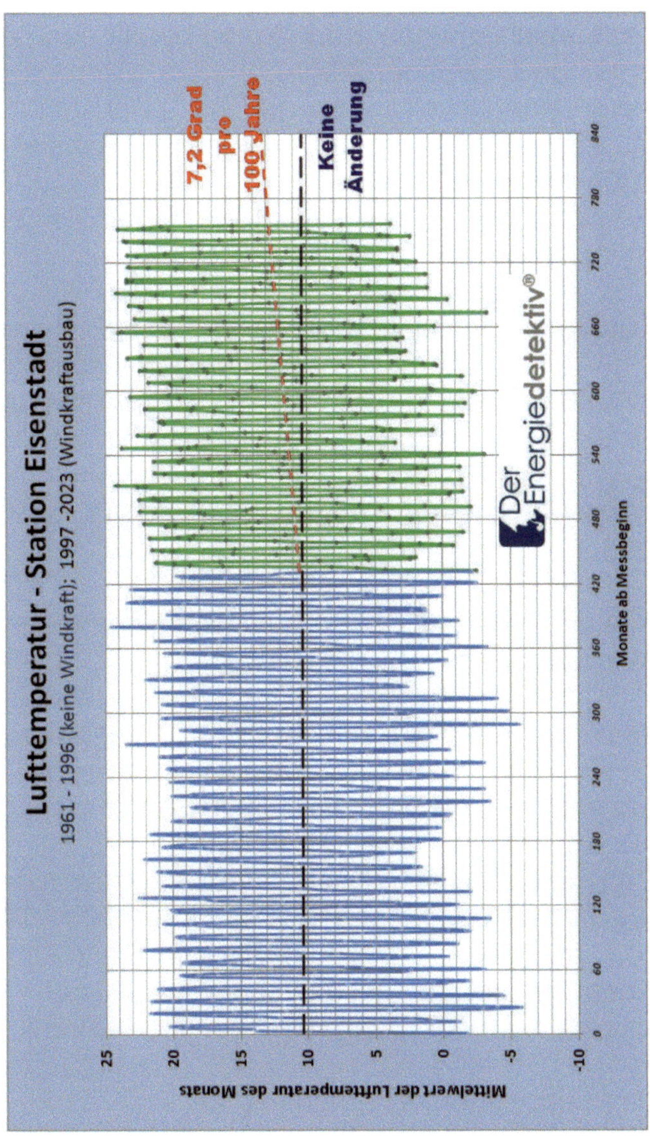

Die blaue Kurve beginnt 1961 und endet mit Dezember 1996. Sie *umfasst* damit die Zeit ohne die Nutzung der Windenergie.

55

Die danach anschließende grüne Kurve betrifft den Zeitraum
Jänner 1997 bis Dezember 2023.
Hier wurde regional die Windenergie massiv ausgebaut.
Dieser Kurvenverlauf endet im Dezember 2023 mit einem
Temperaturwert von +3,8°C.
Dieser Endwert liegt damit um 5,6 Kelvin höher als der
Startwert im Jänner 1961.

Wichtig ist hier jedoch nicht der Vergleich von Einzelwerten,
sondern der Trendverlauf der beiden Kurvenabschnitte. Ein
linearer Trend wurde getrennt für beide Abschnitte mittels
Tabellenkalkulation berechnet. Die blauschwarz strichliierte
Linie, die von links bis ganz rechts durchgeht, entspricht
dem errechneten linearen Trend für den Zeitraum 1961 bis
Ende 1996.

Zusammenfassend stellt der Energiedetektiv daher anhand
dieser Auswertungen fest:

- Im verfügbaren Zeitraum ist vor Errichtung der
  Windenergieanlagen kein Trend für einen
  wesentlichen Anstieg der Lufttemperatur erkennbar!

- Ganz anders sieht es leider für den Zeitraum der
  Nutzung von Windenergie, also für die Jahre 1997 bis
  2023 aus. Hier zeigt sich ein linearer Trend, der
  einem Temperaturanstieg von etwa 7,2 Grad
  innerhalb von 100 Jahren entsprechen würde!

- Uns sind, außer der Errichtung der
  Windenergieanlagen, keinerlei andere Ursachen
  bekannt, die einerseits diesen ansteigenden Trend bei
  der Lufttemperatur im Zeitraum 1997 bis 2023

- erklären könnten und andererseits im Zeitraum davor
  (1970 – 1996 bzw. 1961 – 1996) nicht gegeben
  waren.

- Aus unserer Sicht muss daher derzeit davon
  ausgegangen werden, dass die konzentrierte
  Errichtung von Windenergieanlagen in der
  betreffenden Region die Ursache für den
  ansteigenden Trend bei der Lufttemperatur darstellt.

- Die großtechnische Nutzung von Windenergie
  entzieht der natürlichen Ausgleichsströmung Wind,
  also einem natürlich gegebenen Klimaprozess,
  Energie und wandelt diese in elektrische Energie um.
  Damit fehlt die nun technisch genutzte Energie bei
  den bisherigen natürlichen solaren Prozessen des
  normalen – von menschlicher Technik –
  unbeeinflussten Klimageschehens.
  Auf diese Gefahr hatten wir die österreichische
  Bundesregierung bereits 2018 hingewiesen!

- Es kann daher, unserer derzeitigen Erkenntnis nach,
  nicht davon ausgegangen werden, dass derartige
  Windkraftanlagen dem Klimaschutz dienen.
  Im Gegenteil scheint anhand dieser Auswertung der
  Schluss nahe zu liegen, dass die großtechnische
  Nutzung von Windenergie selbst einen zumindest
  lokalen Klimawandel auslöst!

- Die von uns erstellten Analysen basieren auf
  öffentlichen Daten, die jedermann zugänglich sind.
  Wir laden daher alle Interessierten ein, diese
  Auswertungen und logische Folgerungen selbst zu
  prüfen.

- Für weitere zweckdienliche Hinweise wären wir dankbar!

Die detaillierte Analyse hier: **Windenergie im Burgenland 01022024**

<u>**Den Link hierzu finden Sie am Ende des Berichtes.**</u>

Bei Interesse, kann ich Ihnen die PDF – Datei zusenden. Schreiben Sie mir bitte unter: traude-schubert@gmx.de

Hier die Links aus diesem Bericht:
Seite 51
https://tkp.at/2023/11/07/so-sorgen-solaranlagen-und-waermepumpen-fuer-klimaerwaermung/

https://tkp.at/2023/11/04/kampf-gegen-co2-durch-reduktion-fossiler-brennstoffe-verursacht-waermeres-klima/

Seite 51
https://tkp.at/2023/08/06/atlantik-hitzerekord-menschgemacht-durch-umweltschutz/

Seite 52:
https://www.science.org/content/article/changing-clouds-unforeseen-test-geoengineering-fueling-record-ocean-warmth

https://en.wikipedia.org/wiki/Ship_tracks

Seite 57
https://tkp.at/wp-content/uploads/2024/02/Windenergie-im-Burgenland-01022024.pdf

Vattenfall beendet Wasserstoff Produktion mit Offshore Wind – verzerrte Wahrnehmung in Konzernmedien

Bild von Enrique auf Pixabay

Link hierzu:
https://tkp.at/2024/03/15/vattenfall-beendet-wasserstoff-produktion-mit-offshore-wind-verzerrte-wahrnehmung-in-konzernmedien/

Autor: Dr. Peter F. Mayer

Großkonzerne und das Finanzkapital verlassen das sinkende „Energiewende"-Schiff.
Noch in 2020 von BlackRock Chef Larry Fink in Rundschreiben massiv promotet, wird es jetzt nur mehr gegenüber Konsumenten, Kleinfirmen, Bauern und

afrikanischen Staaten wie Namibia forciert. Großkonzerne haben Förderungen aus Steuergeld kassiert und wenden sich nun anderen, profitableren Projekten zu.

<u>Den Link hierzu finden Sie am Ende des Berichtes.</u>

Wasserstoff wurde lange Zeit als „grüne" Energie und als idealer Treibstoff gehypt.
Sogar Österreichs Kurzzeitkanzler Sebastian Kurz ging eine Zeit lang damit hausieren. In Verbindung mit Wind erschien es überhaupt als die ideale „klimaneutrale" Energiequelle.

Der schwedische Energieversorger Vattenfall stellt nun ein Projekt zur Erforschung der Möglichkeiten der Wasserstofferzeugung in Offshore-Windparks und des Transports an Land ein – und das weniger als zwei Jahre nach dem Start.

Das HT1-Projekt war um das europäische Offshore-Windentwicklungszentrum von Vattenfall vor der Küste von Aberdeen, Schottland herum konzipiert und wurde teilweise vom britischen Ministerium für Energiesicherheit und Netto-Null im Rahmen des Förderprogramms Low Carbon Hydrogen Supply 2 finanziert.

„Nach der Erprobung der Entwicklungsphase für die dezentrale Offshore-Wasserstoffproduktion und angesichts anderer Fortschritte in der Branche hat Vattenfall nun die Entscheidung getroffen, das Projekt zu beenden", teilte Vattenfall am Donnerstag mit und fügte hinzu, dass das Unternehmen weiterhin die Wasserstoffproduktion ohne fossile Brennstoffe untersuchen werde.

Das berichtet **oilprice.com** unter dem Titel „*Vattenfall gibt Projekt zur Erzeugung von Wasserstoff aus Offshore-Windkraft auf*":

Vattenfall Ditches Project to Produce Hydrogen From Offshore Wind

By Charles Kennedy - Mar 14, 2024, 10:30 AM CDT

Die Links hierzu stehen am Ende des Berichtes.

Wie diese **Kollegen berichten,** stellen manche Medien die Sache aber noch anders dar.
Für Current scheint das Projekt ein Erfolg zu sein und titelt „*Vattenfall schließt „weltweit erste" Entwicklung für Offshore-Wasserstoffproduktion ab*":

Die Links hierzu stehen am Ende des Berichtes.

March 14, 2024

Vattenfall completes 'world-first' development for offshore hydrogen production

By George Heynes

Tatsächlich steckt die gesamte Windbranche in der Krise. Großkonzerne wie Siemens machen mit ihrer Windsparte ordentlich Verluste.

Die negativen ökologischen und klimatologischen
Auswirkungen von Windparks sind noch gar nicht
abzuschätzen.

Wasserstoff – H2 – ist das kleinste existierende Molekül und
daher extrem flüchtig. Gemischt mit Luft entsteht explosives
Knallgas, die Sicherheitsanforderungen sind daher weit
höher als bei jeder anderen Energieform.
Transport und Lagerung sind kompliziert, energieaufwändig
und teuer.

Hier die Links aus o.g. Bericht:

Seite 60
https://www.az.com.na/energie/80-km-rohrleitung-fur-
grunen-wasserstoff2024-03-07

Seite 61
https://oilprice.com/Latest-Energy-News/World-News/
Vattenfall-Ditches-Project-to-Produce-Hydrogen-From-
Offshore-Wind.html

https://group.vattenfall.com/uk/newsroom/pressreleases/
2024/ht1-conclusion

https://notalotofpeopleknowthat.wordpress.com/
2024/03/14/vattenfall-ditches-offshore-wind-to-hydrogen-
project/

https://www.current-news.co.uk/vattenfall-completes-world-
first-development-for-offshore-hydrogen-production/

Windräder unzuverlässig, teuer, Klima verändernd und gesundheitsschädlich durch Infraschall

Link hierzu:
https://tkp.at/2024/05/14/windraeder-unzuverlaessig-teuer-klima-veraendernd-und-gesundheitsschaedlich-durch-infraschall/

Autor: Dr. Peter F. Mayer

Das Klima muss vor CO2 geschützt werden und deshalb brauchen wir Energie von fälschlich als „erneuerbar" bezeichneten Energiequellen. Eine dieser Quellen soll der Wind sein.
Doch damit sind mehr Probleme verbunden, als es zunächst den Anschein hat.
Nicht zuletzt hat er negative gesundheitliche Konsequenzen für Mensch und Tier.

Ein grundlegendes Problem ist wie bei Solarparks die Unstetigkeit, die entweder Ersatzkraftwerke oder enorme Investitionen in Speichersysteme erforderlich macht.
Damit wird Strom aus Wind eine teure **Angelegenheit**.
Der Energieriese **Vattenfall** hat sich zum Beispiel aus einem Projekt im Meer vor Schottland zurück gezogen, wo Wasserstoff als Speichermedium aus Windstrom erzeugt werden sollte – es war trotz massiver trotz Förderung zu teuer.

<u>Die Links hierzu stehen am Ende des Berichtes.</u>

Windenergie verändert das Klima, allerdings nicht in der angeblich gewünschten Richtung.

Im Burgenland, Österreichs östlichstem Bundesland, mit einer jährlichen Windstromerzeugung von 3 Milliarden kWh oder rund 177% des burgenländischen Stromverbrauchs, haben **Untersuchungen einen erhöhten Temperaturanstieg** seit Inbetriebnahme der Windparks ergeben.

<u>Der Link hierzu steht am Ende des Berichtes.</u>

Dieser Befund wird auch von Untersuchungen in Deutschland bestätigt.
2017 gestand die deutsche Oberbehörde ein, dass laut Messwerten die Windgeschwindigkeit abnehme, „Global terrestrial stilling" wird das Phänomen bezeichnet.
Dass es in der Umgebung von Windkraft-Anlagen zu höheren Temperaturen kommt, ist belegt.
2018 kam eine (von vielen) entsprechenden Studien aus Harvard, die erhöhte Temperaturen und weniger Bodenfeuchte gemessen hatte.

Hinter den Windrädern ist der Boden und die Luft weniger feucht.
Die Ursache: die Umwälzung der natürlichen Temperaturschichten durch die Windräder, wie **hier ausführlicher dargelegt.**

<u>Die Links hierzu stehen am Ende des Berichtes.</u>

-	Windkraft reduziert Emissionen und verursacht klimatische Auswirkungen wie wärmere Temperaturen

-	Erwärmungseffekt am stärksten in der Nacht, wenn die Temperaturen mit der Höhe steigen

-	Nachterwärmungseffekt bei 28 operativen US-

Windparks beobachtet

-        Die Erwärmung des Windes kann die vermiedene
         Erwärmung durch reduzierte Emissionen für ein
         Jahrhundert überschreiten

Eine andere negative Klimawirkung haben Windräder, wenn
für sie Bäume weichen müssen. Mitten in Wäldern werden
die Räder mittlerweile hingebaut. Dafür wird Wald gerodet,
der unbestreitbar CO2 absorbieren würde._
**Für den Windpark in St. Pölten wurden im März fünf
Hektar Wald gerodet.** In Schottland wurden sogar
16 Millionen Bäume für Windparks gefällt.

<u>Die Links hierzu stehen am Ende des Berichtes.</u>

* * *

Gesundheitlicher Schaden durch Infraschall

Viel zu wenig beachtet werden die nicht unerheblichen
Auswirkungen, die Windräder auf die Gesundheit von
Menschen und Tieren haben.

Infraschall entsteht, wenn große Massen in Bewegung sind.
Das passiert in der Natur zum Beispiel bei Lawinen und
Erdbeben.

Aber Infraschall entsteht auch durch Technik und Industrie.
Er wird durch große Maschinen und Sprengungen
verursacht.
Auch Windkraftanlagen erzeugen Infraschall, wenn sich ihre
Flügel drehen. In dicht besiedelten Ländern wie

Deutschland, Österreich, Holland oder anderen europäischen Staaten wo Windparks an Wohngebiete grenzen, werden viele Menschen um ihren Schlaf gebracht.

Die Deutschen, die von mehr als 30.000 riesigen industriellen Windkraftanlagen überflutet werden, kennen das Elend des Windkraftanlagenlärms ganz genau.

Ein Teil der Kakophonie aus tieffrequenten, amplitudenmodulierten Geräuschen, die von diesen Anlagen erzeugt werden, liegt in Frequenzen, die unter dem liegen, was Menschen normalerweise hören können.
Das bedeutet jedoch nicht, dass sie den so genannten „Infraschall" nicht wahrnehmen.

Die Beweise für die unnötige Beeinträchtigung der Anwohner von Windparks durch den von riesigen industriellen Windkraftanlagen erzeugten Lärm werden immer zahlreicher:
Das deutsche Max-Planck-Institut hat den nicht hörbaren Infraschall als Ursache für Stress, Schlafstörungen und mehr **identifiziert**.
Es ist die pulsierende Natur des niederfrequenten Windturbinenlärms („Amplitudenmodulation"), die für Schlafprobleme bei denjenigen verantwortlich ist, die damit leben müssen.

<u>Der Link hierzu steht am Ende des Berichtes.</u>

Tausende von Menschen leben in einem Umkreis von 20 Kilometern um eine Windkraftanlage und leiden möglicherweise unter gesundheitlichen Problemen, die durch Infraschall verursacht werden.
Zu den Auswirkungen gehört die Verringerung der Herzmuskelkraft.

Infraschall wirkt auf das Innenohr und das Gehirn und kann
Schlaflosigkeit, emotionale Reaktionen und viele andere
beunruhigende Symptome hervorrufen.

Infraschall wurde sogar schon als Waffe untersucht.
*„Ein Windpark mit einer Leistung von fünf
Megawatt würde möglicherweise schon aus einer
Entfernung von zwanzig Kilometern ein
nachweisbares Infraschallsignal erzeugen.*

„ **Dr. Lars Ceranna,** Institut für Geowissenschaften und
Rohstoffe, Deutschland.

Der Link hierzu steht am Ende des Berichtes.

Titel des Videos:
Infraschall für Windkraftanlage als Waffe

*„Wir können definitiv sagen, dass Infraschall unter
diesen akuten Bedingungen tatsächlich eine
deutliche Wirkung auf das Herzmuskelgewebe
hat.*

*Beide Versuchsreihen haben eine deutliche
Abnahme der Herzmuskelkraft ergeben."* so
Christian Vahl, Direktor der Herz-, Thorax- und
Gefäßchirurgie an der Universitätsmedizin Mainz.

Link hierzu:

Der ober erwähnte Link ist nicht mehr erreichbar.

Berichte zu Infraschall von Prof. Dr. Christian Vahl können
unter diesem Link eingesehen werden:
**https://arbeitsgruppe-infraschall-uni-mainz.de/pages/
zur-person.php**

Wissenschaftliche Studien zum Lärm von Windturbinen gibt es zahlreiche. Eine aktuelle in **Nature erschienene Studie** stammt von Chun-Hsiang Chiu et al mit dem Titel
„Effects of low-frequency noise from wind turbines on heart rate variability in healthy individuals"
(Auswirkungen des niederfrequenten Lärms von Windenergieanlagen auf die Herzfrequenzvariabilität bei gesunden Personen):
<u>Der Link hierzu steht am Ende des Berichtes.</u>

> *„Windenergie wird auf der ganzen Welt als saubere Energiequelle genutzt. Allerdings erzeugen Windkraftanlagen niederfrequenten Lärm (LFN) im Bereich von 20-200 Hz.*
> *Da sich viele Beschwerden in den Gemeinden auf den von Windturbinen verursachten Schall konzentrieren, ist es wichtig, die gesundheitlichen Auswirkungen von Niederfrequenzlärm auf die Anwohner von Windparks zu untersuchen.*
>
> *Es wurde festgestellt, dass LFN-Exposition eine Reihe von Gesundheitsstörungen verursacht. Die Exposition gegenüber LFN von Windkraftanlagen führt zu Kopfschmerzen, Konzentrationsschwierigkeiten, Reizbarkeit, Müdigkeit, Schwindel, Tinnitus, Ohrenschmerzen, Schlafstörungen und Belästigung. Klinisch gesehen kann die Exposition gegenüber LFN von Windturbinen ein erhöhtes Risiko für Epilepsie, kardiovaskuläre Auswirkungen und koronare Herzkrankheiten verursachen. Es wurde auch festgestellt, dass die Lärmbelastung (einschließlich LFN) einen Einfluss auf die Herzfrequenzvariabilität (HRV) haben kann."*

<u>Hier die Links aus o.a. Bericht:</u>

Seite 63
https://tkp.at/2024/01/28/warum-ist-energie-so-teuer-das-merit-order-prinzip/

https://tkp.at/2024/03/15/vattenfall-beendet-wasserstoff-produktion-mit-offshore-wind-verzerrte-wahrnehmung-in-konzernmedien/

Seite 64
https://tkp.at/2024/02/10/verursachen-windparks-erderwaermung-und-klimaschaeden/
Den ganzen Bericht lesen Sie auf Seite 050.
https://www.sciencedirect.com/science/article/pii/S254243511830446X

Seite 65
https://tkp.at/2023/01/16/windsterben-sorgt-windenergie-fuer-duerre-und-hitze/
Den ganzen Bericht lesen Sie auf Seite 024.
https://kurier.at/chronik/niederoesterreich/sankt-poelten/riesige-windraeder-mitten-im-wald-lastautos-brachten-rotorblaetter/402057505

https://tkp.at/2023/07/20/16-millionen-baeume-fuer-schottische-windparks-gerodet/

Seite 66
https://pubmed.ncbi.nlm.nih.gov/28403175/

Seite 67
https://www.youtube.com/watch?v=ibsxVKU6B8s

Seite 68
https://www.nature.com/articles/s41598-021-97107-8

Windenergie schädlicher und teurer als Energie aus Kohlenwasserstoffen

Windrat-Blatt-Lagerung

Link hierzu:
https://tkp.at/2024/05/16/windenergie-schaedlicher-und-teurer-als-energie-aus-kohlenwasserstoffen/

Autor: Dr. Peter F. Mayer

Windparks „machen alles kaputt. Sie sind furchtbar und die teuerste Energie, die es gibt. Sie ruinieren die Umwelt.
Sie töten die Vögel.
Sie töten die Wale", sagte Präsident Trump bei einer

**Kundgebung am 11. Mai in Wildwood, New Jersey.
„Wir werden dafür sorgen, dass das vom ersten Tag an
aufhört. Ich werde es in einer Executive Order
niederschreiben."**

Trump fasst richtig zusammen was der Status der
Windenergie ist. Wissenschaftlich aufbereitet finden sich die
Nachteile von Windenergie in einer 2022 i**m Journal of
Sustainale Development erschienenen Studie** vom
Wallace Manheimer.

<u>**Den Link hierzu finden Sie am Ende des Berichtes.**</u>

Der Bau der für alternative Energiesysteme (z. B. Solar-,
Wind- und geothermische Energie) erforderlichen
Infrastruktur erfordert **mehr als die vierfache Menge an**
Materialien (z. B. Stahl, Glas, Kupfer, Zement/Beton,
Aluminium, Eisen, Blei, Kunststoff und Silizium) als
konventionelle Energiesysteme (Kohle, Erdgas und
Kernkraft).
Im Vergleich zu Kohle- oder Gaskraftwerken ist der
Flächenbedarf für Solar- und Windenergiesysteme etwa 33
bzw. 179 Mal höher.
Diese hohen Material- und Flächenkosten erhöhen die
Energiekosten.
Während ihres Betriebs töten Solar- und Windkraftanlagen
Vögel, wobei letztere auch für Fledermäuse tödlich sind, und
sie haben sich als unzuverlässig erwiesen.

Zuverlässigkeitsprobleme, die durch eine übermäßige
Abhängigkeit von Wind- und Solarenergie verursacht
werden, sind in zahlreichen Regionen der Welt aufgetreten.
Kalifornien zum Beispiel hat auf Solarenergie umgestellt, alle
Kohlekraftwerke bis auf eines und alle Kernkraftwerke bis

auf eines stillgelegt und die Nutzung von Gaskraftwerken auf ein Minimum reduziert.
Infolgedessen kam es während einer Hitzewelle im Sommer 2020 zu Stromausfällen in diesem Bundesstaat.

In ähnlicher Weise investierte Texas stark in Wind- und Solarenergie, um dann während eines Wintersturms im Februar 2021 kläglich zu versagen.
Eingefrorene Windturbinen und schneebedeckte Solarpaneele sorgten dafür, dass weite Teile von Texas für lange Zeit ohne Strom waren, was zum Tod von mehr als 200 Menschen und zu wirtschaftlichen Verlusten in Milliardenhöhe führte.
Im darauf folgenden Juli mussten Erdgaskraftwerke während einer Hitzewelle den Ausfall von Wind- und Solarenergieanlagen kompensieren.

Im Winter 2020-21 machte Deutschland eine ähnliche Erfahrung wie Texas, als Wind- und Solarenergie den Auswirkungen von Kälte und Schnee zum Opfer fielen.
Seit das Land um das Jahr 2000 herum auf Wind- und Solarenergie umgestellt hat, hat sich der Strompreis in Deutschland mehr als verdreifacht.

Kurz gesagt: Wind- und Solarenergiesysteme sind weder billig noch zuverlässig oder umweltfreundlich.

Nennleistung versus Durchschnittsleistung

Zunächst geht es um die Frage, was man an an Energielieferung von Windanlagen erwarten kann.
Die meisten Berichte von Freunden der Grünen Energiewende geben bei Solar- und Windkraftanlagen die „Typenschild"-Leistung an.

Das ist die maximale Leistung, die das Gerät erzeugt, wenn die Bedingungen genau richtig sind.
Aber die Bedingungen sind selten genau richtig.
Die Nennleistung ist nicht wichtig, sondern die Durchschnittsleistung.

Eine Windturbine kann 2 Megawatt (MW) erzeugen, wenn der Wind mit der richtigen Geschwindigkeit aus der richtigen Richtung weht, aber vielleicht nur 500 Kilowatt (kW) im Durchschnitt über alle Bedingungen.
In den meisten konventionellen Kraftwerken, ob Kohle-, Gas- oder Kernkraftwerke, entspricht dagegen die Durchschnittsleistung fast der Spitzenleistung.

Was ist mit Windenergie zu erreichen?
Nur etwa 1-2% der auf der Erde auftreffenden Sonnenenergie wird in Windkraft umgewandelt. Gehen wir großzügig von 2 % aus und berücksichtigen wir die Betz-Grenze [Betz] für den maximalen Wirkungsgrad der Umwandlung von Windkraft in mechanische Energie von 60 %, so nehmen wir einen Wirkungsgrad von 50 % an.
Ein Windpark mit einer durchschnittlichen Leistung von 1 GW würde also mindestens 500 km2 abdecken.

Im Gegensatz zu einem Solarpark könnte dieses Land für einige andere Zwecke genutzt werden, aber nicht für viele.
Es könnte als Weideland genutzt werden, vielleicht auch für den Anbau von Feldfrüchten, die kein großes menschliches Eingreifen erfordern, aber es ist für menschliche Besiedlung ungeeignet.
Wobei auch das eher fraglich ist, denn kleine Absplitterungen von den Schaufeln verunreinigen mit der Zeit den Boden.

Der Lärm wäre enorm, und im Winter würden in den kalten

Regionen des Landes große Eisbrocken, die Hunderte von Kilogramm wiegen, von den Turbinenschaufeln abfallen und jeden töten, der von ihnen getroffen wird.

Laut Manheimer betragen die Kosten für eine Turbine in der Regel ~$2/Watt Nennleistung bzw. ~$8/Watt Durchschnittsleistung. Wenn man von 4 MW-Nennleistungsturbinen ausgeht, die etwa 170 m hoch sind, benötigt ein durchschnittliches 1-GW-Kraftwerk ~1000 Turbinen zu Kosten von ~8 Mrd. $.
Dabei sind die Kosten für die Installation noch nicht berücksichtigt, die ebenfalls nicht eben Gering sind.
Und wie viel kosten 500 km2 zusammenhängendes Land in Europa?

Der Bedarf an Reservestrom

Zur Bereitstellung von Reservestrom wird von einer Revolution in der Batterietechnologie gesprochen, aber das scheint weit hergeholt.
Die Lithium-Ionen-Batterie des Tesla-Autos speichert etwa 100 Kilowattstunden.
In Deutschland wurden laut Bundesnetzagentur im Jahr 2022 etwa 484 Milliarden kWh an Strom verbraucht, was einer durchschnittlichen Leistung von etwa 55 GW entspricht.
Wäre alles auf Solar- und Windenergie – die „Erneuerbaren" –umgestellt, so würde man pro Tag Windstille im Winter bei Nebel (keine Solarenergie) 1,32 Milliarden kWh Speicherkapazität benötigen, oder etwa 13,2 Millionen Tesla Batterien.

Eine Tesla-Batterie kostet derzeit etwa 10.000 Euro.
Selbst bei einem Millionenkauf gehen die Kosten wohl kaum unter 5000 Euro, wir reden also von Zig Milliarden an Kosten

für die Reservekapazität an Strom.
Solche Wetterverhältnisse hatten wir aber im letzten Winter
mehrere Tage lang, es müsste also Vorsorge für 5 bis 7 Tage
getroffen werden, was die Kosten auf Hunderte Milliarden
steigert.
Und da Wärmepumpen und generell Heizung just im Winter
besonders viel Strom benötigen, steigen die Kosten für die
Reservekapazität sogar in den Bereich von Billionen Euro.

Sicherheitsprobleme

Hinzu kommt das Sicherheitsproblem, dass so viel
chemische und elektrische Energie an einem Ort
gespeichert wird, insbesondere bei einer Batterie wie der
Lithium-Ionen-Batterie von Tesla, bei der bekanntermaßen
Brandgefahr besteht, selbst wenn die Batterie keinen Strom
liefert.

Die Gefahr, die mit der Speicherung in Lithium-Ionen-
Batterien verbunden ist, ist einzigartig.
Die Batterien sind bekanntermaßen brandgefährlich, auch
wenn sie keinen Strom liefern. Und sie lassen sich nur durch
kompletten Entzug von Sauerstoff löschen, was bei den
benötigten riesigen Batteriefarmen unmöglich ist.
Die Brandschutzmaßnahmen wären daher extrem
aufwändig und würden noch dazu enorm viel Platz
beanspruchen.

Die Kosten für gelieferte Energie

Es wird oft behauptet, dass Sonnen- und Windenergie
immer billiger wird, und zwar oft viel billiger als Strom aus
Kohle, Gas, Öl oder Kernkraft. Zwar fallen hier keine
Brennstoffkosten an, doch sind die Material- und

Arbeitskosten im Vergleich zu den Kosten für konventionelle Energie enorm.
Dazu kommen die enormen Kosten der Backup-Systeme.

Daher gibt es enorme wissenschaftliche, technische, wirtschaftliche und ökologische Hindernisse, die in der Realität kaum zu überwinden sind [Sellenberger 2020, Mills 2019].

Trotz aller Behauptungen, dass Solar- und Windenergie günstig sind, stellt sich die Frage, wie die Stromkosten in Deutschland und Frankreich im Vergleich dazu aussehen. Diese Frage ist einfach und unumstritten.
Da das Ziel der Energiewende darin besteht, den CO 2 Ausstoß in die Atmosphäre zu verringern, stellt sich die Frage, wie gut Deutschland und Frankreich abschneiden. Auch diese Frage ist einfach und unumstritten.

Abbildung 9 zeigt ein Diagramm des Preises für eine Kilowattstunde elektrischer Energie in Deutschland, Frankreich und den Vereinigten Staaten in Euro-Cent von 1980 bis etwa 2020 [Subventionierte Windkraft, Manheimer 2018 und andere Quellen].

In der Grafik sind auch die Pro-Kopf-CO2-Emissionen in die Atmosphäre in Tonnen pro Jahr dargestellt [Kumulative Effekte, Manheimer 2018 und andere Quellen].

Abbildung 9. Darstellung der Kosten für eine Kilowattstunde elektrischer Energie in Eurocent in Frankreich, Deutschland und den USA (durchgezogen) und der CO 2 - Emissionen in die Atmosphäre in Tonnen pro Kopf und Jahr.

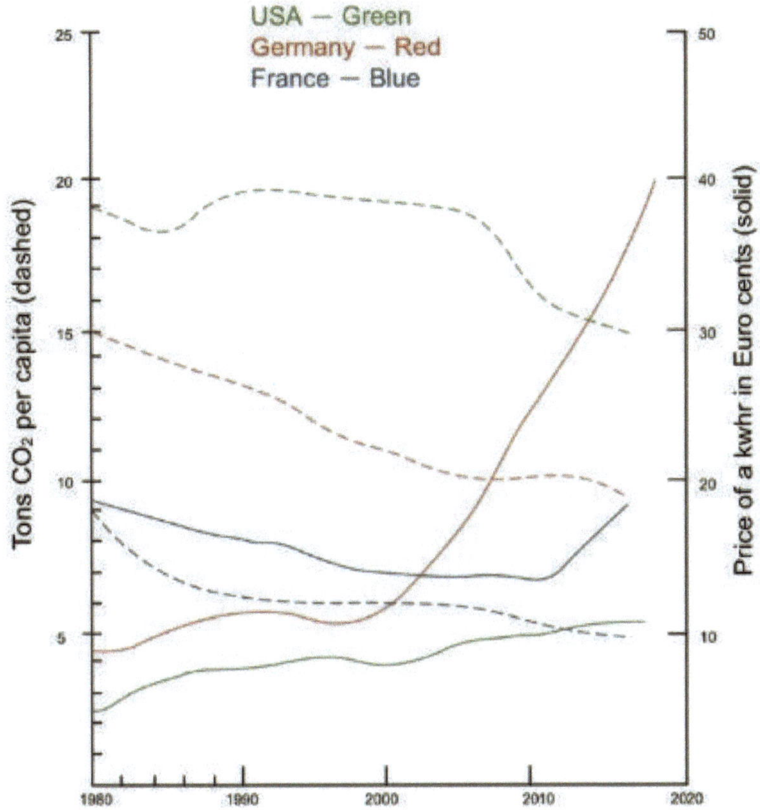

Die Grafik zeigt, dass die deutsche Energiewende zumindest bis jetzt, nach ~20 Jahren, in beiden Punkten gescheitert ist. Sie hat den Strompreis nicht gesenkt, sondern stark verteuert. Sie hat den Pro-Kopf-Ausstoß von CO2 in die Atmosphäre in Deutschland im Vergleich zu Frankreich oder sogar zu den Vereinigten Staaten nicht verringert.

Das Ende des Lebenszyklus

Es gibt zusätzliche Kosten und Umweltschäden durch Solar-

und Windenergie, die bisher kaum in Erscheinung getreten sind. Die Lebensdauer von Solarzellen und Windturbinen beträgt nämlich nur etwa 25 Jahre.
Da die meisten Solarmodule und Windturbinen jünger sind als diese Zeitspanne, haben wir nur eine Ahnung von dem Problem, das sich schnell nähert.

Bei Windturbinen gibt es ein zweifaches Problem. Da die Rotorblätter aus Glasfaser bestehen und nur etwa 10 Jahre halten, haben wir hier bereits umfangreiche Erfahrungen gesammelt.
Diese Flügel sind riesig und ihre Verschiffung und Entsorgung ist sehr kostspielig, aber eine Deponie ist eine vernünftige Option, wenn sie groß genug ist. Wenn sie erst einmal vergraben sind, schaden sie der lokalen Umwelt nur wenig oder gar nicht.
Es gibt nur wenige Deponien, die diese Klingen aufnehmen können.

Eine befindet sich in der Nähe von Casper, Wyoming. Das Bild oben zeigt ein Foto von einem Teil dieser Deponie mit Fragmenten von Windturbinenflügeln an ihrer endgültigen Ruhestätte.
Das kleine Objekt oben rechts ist eine Planierraupe, die von einem Deponiearbeiter gefahren wird.

Die Schwierigkeit, die Flügel zu entsorgen, verblasst im Vergleich zur Entsorgung der Türme, die etwa 25 Jahre halten.

Die Unternehmen müssen in der Regel zu Beginn die Kosten für die Stilllegung aufbringen.
Die Kosten belaufen sich laut Manheimer auf 100.000 Dollar, was für die Demontage eines Stahlturms in der Höhe von 170 Metern unglaublich billig klingt.

Tatsächlich schätzt die Washington Times, dass eine
bessere Kostenschätzung bei 500.000 $ liegt

Die Alternative wäre, sich einfach aus dem Staub zu machen
und sie jemandem anderen zu überlassen, der sich darum
kümmert.
Vielleicht denken die Windkraftbetreiber, dass die
ordnungsgemäße Demontage alternder Turbinen „nicht ihre
Sache" ist.
Sie sind zu sehr damit beschäftigt, die Welt zu retten.

In Anbetracht des enormen Flächen- und Materialbedarfs
schaden Solar- und Windkraftanlagen schon bei ihrer
Entstehung der Umwelt insgesamt sehr.
Wenn sie sterben, sind sie noch schädlicher.
Dann bilden sie mit ziemlicher Sicherheit eine größere
Umweltkrise als jede andere Energiequelle.

Hier der Link aus o.g. Bericht:

Seite 71
https://ccsenet.org/journal/index.php/jsd/article/view/0/46729

Windparks für Hitzewellen und Saharastaub in Europa verantwortlich?

Link hierzu:
https://tkp.at/2024/05/17/windparks-fuer-hitzewellen-und-saharastaub-in-europa-verantwortlich/

Autor: Dr. Peter F. Mayer

Windparks bedecken in Europa mittlerweile große Flächen. Teils sind sie in Nord- und Ostsee zu finden, teils in flachen Regionen in Deutschland oder im Burgenland in Österreich und natürlich in anderen Ländern.
Sie wandeln Energie aus den untersten Schichten der Atmosphäre in elektrische Energie um. Das muss klarerweise Einfluss auf das Wetter und langfristig damit auch auf das Klima haben.

Einen möglichen Einfluss der Offshore-Windkraftanlagen in der Nordsee auf Wetter und Klima in Großbritannien hat Dr. Keith Johnson in einer Studie mit dem Titel ***„Blowing in the Wind: A Time Series Analysis of Mean UK Summer Temperature“***
(Blowing in the Wind: Eine Zeitreihenanalyse der mittleren britischen Sommertemperatur) untersucht.
Dabei geht es darum Veränderungen in den Temperaturtrends mit anderen Ereignisse in Verbindung zu bringen, wie etwa Veränderungen des CO2-Gehaltes der Luft oder eben der Inbetriebnahme von Offshore-Windparks.

<u>Den Link hierzu finden Sie am Ende des Berichtes.</u>

Johnson zitiert Berichte des britischen MET-Büros, die von der BBC und dem **Daily Telegraph** aufgegriffen wurden, die nahelegen, dass die Hitzewelle Cerberus und andere außergewöhnliche Temperaturereignisse, die Europa im Sommer 2023 heimsuchten, möglicherweise darauf zurückzuführen sind, dass der Jet Stream länger als normal in niedrigeren Breitengraden verweilt.
Ihrer Ansicht nach könnte dies als weiterer Beweis für den anthropogenen Klimawandel gewertet werden.

<u>Den Link hierzu finden Sie am Ende des Berichtes.</u>

Als weiteren Beweis veröffentlichte der Daily Telegraph die folgende Grafik der durchschnittlichen Sommertemperaturen im Vereinigten Königreich, wobei die rote Linie einen laufenden Zehnjahresdurchschnitt darstellt.
Johnson stellt die Frage, wie aussagekräftig dieser Trend ist und worauf könnte er zurückzuführen sein?

Ob die Daten allerdings wirklich stimmen ist noch eine andere Frage. Es gab jedenfalls **wie hier berichtet,** einige „Anpassungen" durch das Met-Office an das Klima-Narrativ.

<u>Den Link hierzu finden Sie am Ende des Berichtes.</u>

So macht man Temperaturen passend zum menschengemachten Klimawandel
Das britische Met Office beklagt in einem Paper von Mitte 2023 das Ausbleiben der Erderwärmung. Diese wäre für die Durchsetzung von „Green Deal", Energiewende, UNO Agenda 2030 und der Umgestaltung in Richtung der totalitären One World Order durch WHO und UNO nötig. Deshalb besserte man einfach die Temperaturdaten passend nach.

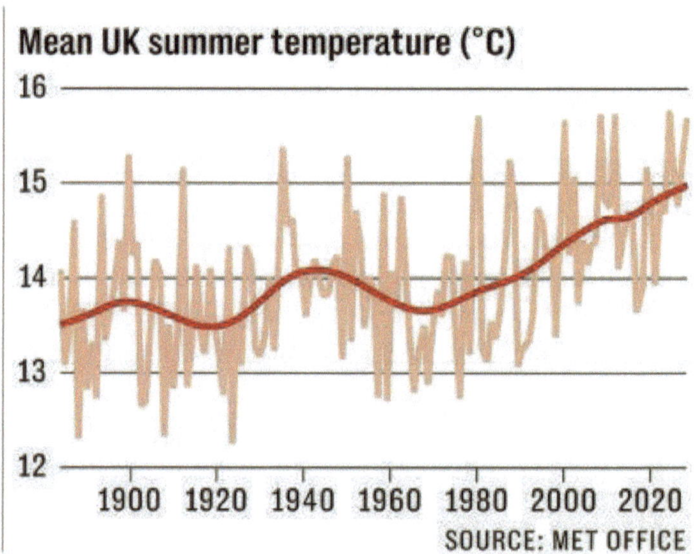

Fig. 1: Mean UK Summer Temperature as published

The recent pause in global warming (2): What are the potential causes?

July 2013

„Dieser Trend wird dann mit verschiedenen möglichen Ursachen verglichen: atmosphärisches CO2, globale Kohlenstoffemissionen, chinesische Kohlenstoffemissionen usw. Durch Detrending, die Verwendung erster Differenzen und die Berechnung der Kreuzkorrelationsfunktion (CCF) zeigt sich, dass nur die Offshore-Windkraftkapazität eine signifikante Kreuzkorrelation in der CCF aufweist."

Dieser Zusammenhang wird auch von weiteren unabhängigen Verfahren und Methoden bestätigt.
„Wenn also der steigende Trend signifikant ist, kann die Hypothese, dass er mit der Offshore-Windkraftkapazität zusammenhängt, nicht verworfen werden", schlussfolgert der Forscher.

Der Schweizer Mathematiker und Physiker Daniel Bernoulli hat wesentliche Beiträge zur Strömungslehre verfasst. In unserem Zusammenhang wichtig ist das Bernoulli Prinzip, praktisch eine weiter Formulierung des Energieerhaltungs-Satzes der Physik.

Damit kommt der Forscher zu folgendem Schluss:

> *„Aus der Betrachtung der Nachlaufdynamik von Windkraftanlagen unter Anwendung des Bernoulli-Prinzips folgt, dass die Entnahme großer Energiemengen zu einem niedrigen Druck im Windschatten der Anlagen führen muss. Bei vorherrschenden Westwinden und weitgehend küstenfernen Windparks bedeutet dies die Entstehung eines Tiefdruckgebiets in der Nordsee. Vielleicht ist dieses Tiefdruckgebiet, das heiße Luft aus Afrika ansaugt, ein Grund für den Anstieg der mittleren britischen Sommertemperatur?*

Es könnte auch für die Cerberus - Hitzewelle im Jahr 2023 und den Saharastaub verantwortlich sein.
Unsere Versuche, den vom Menschen verursachten Klimawandel abzumildern, könnten also zu schädlichen Veränderungen der Wettermuster führen.“

Wenn diese Hypothese weiterer wissenschaftlicher Überprüfung standhält, dann liegt nahe, dass auch die Zigtausenden Windräder in anderen Teilen Europas großen Einfluss auf das Wetter nehmen.
In Deutschland allein sind es bereits über 30.000 und in Österreich stehen etwa 1500 Anlagen.

Der Einfluss dieser Anlagen auf das lokale Wetter und Klima sollte dringend untersucht werden.

<u>Hier sind die Links zu o.g. Bericht:</u>
Seite 80
<u>https://www.researchsquare.com/article/rs-3999999/v1</u>

Seite 81
https://www.telegraph.co.uk/news/2023/07/27/heatwave-2022-average-british-summer-40-years-met-office/

<u>https://tkp.at/2024/04/18/so-macht-man-temperaturen-passend-zum-menschengemachten-klimawandel/</u>

Florida verbietet Offshore Windparks und wendet sich gegen Mär von menschengemachter Erderwärmung

Link hierzu:
https://tkp.at/2024/05/24/florida-verbietet-offshore-windparks-und-wendet-sich-gegen-maer-von-menschengemachter-erderwaermung/

Autor: Dr. Peter F. Mayer

Der republikanische Gouverneur von Florida, Ron DeSantis, hat eine Reihe neuer Maßnahmen unterzeichnet, um die grüne Klimaagenda weiter zu ächten.
Unter anderem wird der Ausbau von Offshore Windparks im Bereich vor Floridas Küsten verboten.

Das Gesetz HB 1645 begründet eine Verpflichtung für den Staat, sich mit dem „Potenzial des globalen Klimawandels" zu befassen, und blockiert den Ausbau von Offshore-Windparks, während der Staat stattdessen das Potenzial der Kernkraft prüfen muss.
Außerdem müssen Elektrizitätsversorgungsunternehmen auf Ausfälle im Zusammenhang mit Naturkatastrophen vorbereitet sein, indem sie mindestens ein Abkommen über gegenseitige Hilfe mit einem anderen Versorgungsunter-nehmen abschließen und die Erdgasproduktion ausbauen.

„Die Gesetzgebung, die ich heute unterzeichnet habe, wird Windräder von unseren Stränden fernhalten, Gas in unseren Tanks und China aus unserem Staat heraushalten„, sagte DeSantis.
85

„Wir stellen die Vernunft in unserem Umgang mit Energie wieder her und lehnen die Agenda der radikalen grünen Eiferer ab."
Irgendetwas gegen China von sich zu geben, gehört in den USA offenbar zur Folklore.

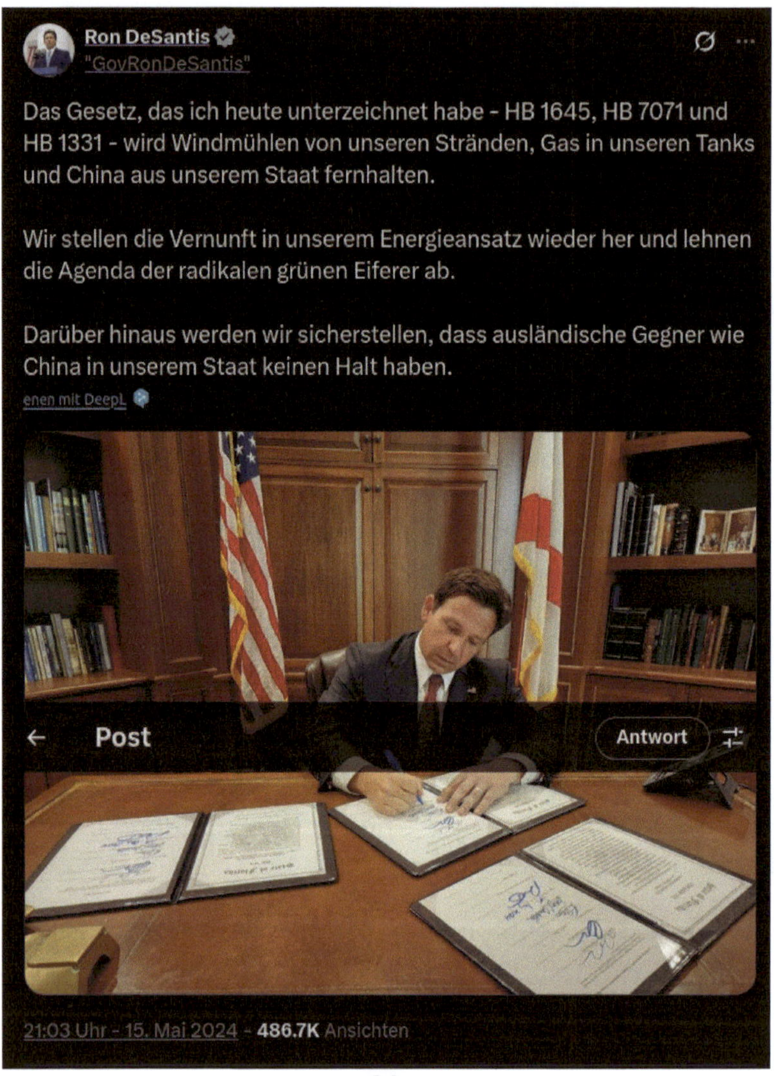

Das neue Gesetzespaket enthält eine deutliche Absage an das Dogma der anthropogenen globalen Erwärmung (AGE) oder des Klimawandels, das besagt, dass nicht natürliche Phänomene, sondern menschliche Aktivitäten für den Klimawandel auf der Erde verantwortlich sind.

Aktivisten haben lange Zeit behauptet, es gebe einen „97-prozentigen wissenschaftlichen Konsens" zugunsten des AGE, aber diese Zahl stammt aus einer Verzerrung einer Übersicht von 11.944 Arbeiten aus von Experten begutachteten Zeitschriften, von denen 66,4 Prozent keine Meinung zu dieser Frage äußerten; tatsächlich haben sich viele der Autoren, die mit dem AGE-„Konsens" identifiziert wurden, später zu Wort gemeldet und erklärt, ihre Positionen seien falsch dargestellt worden.

Windparks bergen eine ganze Reihe von Gefahren und Nachteilen. Windräder sind unzuverlässig und **gesundheitsschädlich durch Infraschall,** was sich insbesondere auch für Meerestiere auswirkt.

Windenergie ist nachweislich **schädlicher und teurer als Energie** aus Kohlenwasserstoffen und Studien weisen darauf hin, dass Windparks für Hitzewellen und Saharastaub in Europa verantwortlich sein können.

Hier die Links aus o.a. Bericht:
https://tkp.at/2024/05/14/windraeder-unzuverlaessig-teuer-klima-veraendernd-und-gesundheitsschaedlich-durch-infraschall/
Den ganzen Bericht lesen Sie auf Seite 063.
https://tkp.at/2024/05/16/windenergie-schaedlicher-und-teurer-als-energie-aus-kohlenwasserstoffen/
Den ganzen Bericht lesen Sie auf Seite 07.
https://tkp.at/2024/05/17/windparks-fuer-hitzewellen-und-saharastaub-in-europa-verantwortlich/
Den ganzen Bericht lesen Sie auf Seite 080.

Hitze und Saharastaub in Griechenland und die Rolle von Windparks

Link hierzu:
https://tkp.at/2024/06/16/hitze-und-saharastaub-in-griechenland-und-die-rolle-von-windparks/

Autor: Dr. Peter F. Mayer

Diese Woche gab es sommerliche Temperaturen in Griechenland. Das nutzten wieder einige Mainstream Medien für Angstpropaganda und Desinformation. Der Green Deal und die damit verbundenen Maßnahmen nehmen allerdings mehr Einfluss auf das Wetter als CO_2. Ein Beispiel sind Windräder und der Kampf der Bevölkerung in Kreta dagegen.

Ich hatte die vergangenen beiden Wochen Gelegenheit die Wetterentwicklung in Kreta persönlich zu beobachten.

Nach relativ niederschlagsarmen Winter und Frühling
brachte der Mai eher niedrigere Temperaturen, aber ab
Sommerbeginn am 1. Juni wurde es warm.
Dies war vor allem einer kontinuierlichen Südströmung zu
verdanken, wie wir es auch in **Mitteleuropa im April** hatten.
Bis auf drei Tage war es am Boden fast völlig windstill was
ich bei früheren Besuchen in den vergangenen 40 Jahren
noch nie erlebt hatte.
Dafür waren an etwa der Hälfte der Tage eher größere
Mengen von Saharastaub in der Luft (in größerer Höhe gab
es durchaus erhebliche Windstärken, am Boden eben bis
auf drei Tage nicht).

<u>Den Link hierzu finden Sie am Ende dieses Berichtes.</u>

Auf diesem Bild ist die Höhenströmung aus Afrika kommend
recht gut an den Wolken zu sehen (der Screenshot stammt
vom 14.6.2024 um etwa 17 Uhr aus der App Windy):

Der Sand war selbst an der Meeresoberfläche
allgegenwärtig zu sehen, dämpfte das Licht und die Sicht,
wie oben am Bild erkennbar.

Extremwetter und der Green Deal

Veränderungen des Wetters sind sicherlich zum Teil
menschengemacht. Selbst das Klima – ein
Durchschnittswert über 30 Jahre und große Regionen und
Hemisphären. Die Geister scheiden sich allerdings bei den
Ursachen dafür.

Kollege Sander-Faes hat **in diesem Artikel gezeigt**, wie im
Atlantik Hitzerekorde verursacht werden durch

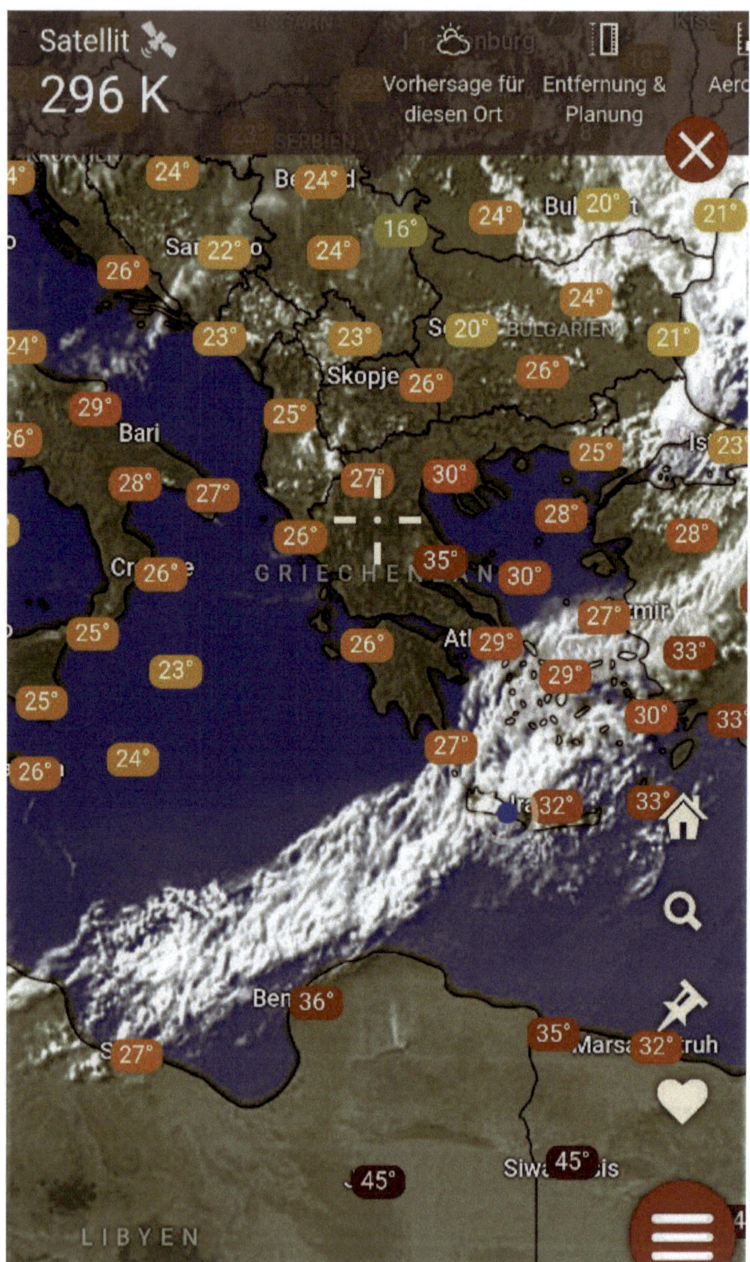

Satellit
296 K
Vorhersage für diesen Ort
Entfernung & Planung
SERBIEN
Be 24°
Bul 20°
21°
24°
24°
16°
Sar 22°
24°
26°
24°
BULGARIEN
24°
23°
23°
S 20°
21°
Skopje 26°
26°
29°
25°
Bari
Is 23°
25°
28°
27°
27°
30°
28°
26°
28°
Cr 26°
GRIECHENLAND
35°
30°
25°
27° mir
23°
Atl 29°
33°
26°
29°
25°
30°
33°
26°
24°
27°
32°
33°
Ben 36°
35° Marsa 32° ruh
27°
45°
Siwa is 45°
LIBYEN

Kilowattstunde elektrischer Energie in Eurocent in Frankreich, Deutschland und den USA (durchgezogen) und der CO 2 - Emissionen in die Atmosphäre in Tonnen pro Kopf und Jahr.

Wie Paul Voosen am 2. Aug. 2023 in Science (der Zeitschrift) **berichtete**, ist die Ursache der ozeanischen Rekord-Hitze

> *„die Verringerung der Umweltverschmutzung [durch] die ‚**ship track**, [etwa: „Schiffsspur", Anm.]-Wolken verringert und trägt zur globalen Erwärmung bei".*

<u>Die Links hierzu finden Sie am Ende des Berichts.</u>

Eine andere Ursache für Wetter- und Klimaänderungen sind die Windparks.
Die Windräder nehmen Energie aus der Atmosphäre und leiten sie als Elektrizität weiter.
Eine **ganze Reihe von Studien befasst** sich mit den Auswirkungen der Windparks auf Wetter und Klima.
Die Erwärmung von Landoberflächen ist erheblich. Eine in **Nature veröffentlichte Studie aus Texas** ergab eine Erwärmung von 0,72 Grad pro Dekade durch vier der weltweit größten Windfarmen.
(Liming Zhou 2012, Impacts of wind farms on land surface temperature).

<u>Die Links hierzu finden Sie am Ende des Berichtes.</u>

Eine **Untersuchung der Folgen der Errichtung der Windparks im Burgenland** ergab das gleiche Resultat mit einer Erwärmung von 0,72 Grad pro Dekade seit Errichtung der Windparks.
Die Temperaturen waren davor konstant seit Beginn der Messreihen im Jahr 1961.

Den Link hierzu finden Sie am Ende des Berichtes.

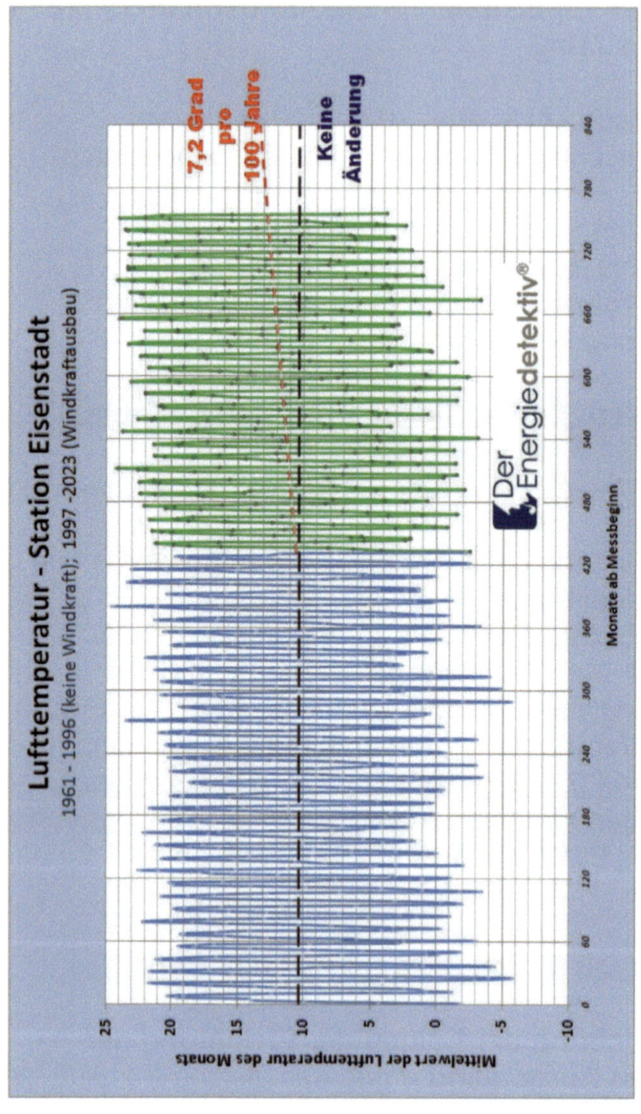

92

Eine Studie der Erwärmung in Großbritannien ergab ebenfalls einen klaren statistischen **Zusammenhang mit der Errichtung der Offshore Windfarmen in der Nordsee.** Gleichzeitig trat auch die Verfrachtung von Saharastaub vermehrt auf.

<u>Den Link hierzu finden Sie nach dem Bericht.</u>

Windparks in Kreta und Griechenland

Auf vielen Inseln der Ägäis, in Kreta und insgesamt in Griechenland wurden Windparks errichtet.
Folgt man den Studien so liegt der Schluss nahe, dass auch in Griechenland die Veränderungen von Wetter, Klima und dem Auftreten von Saharastaub mit der Errichtung der Windparks zu tun haben.

Meine Recherchen bei kretischen Freunden haben aber noch ein etwas überraschendes Ergebnis erbracht.
Vor zwei Jahren kam der Ausbau der Windfarmen zum Erliegen.
Auf Bergkämmen, wie dem im Bild oben, sollte weitere Windräder aufgestellt werden. Dies wurde jedoch von Anrainern mit einer teilnehmerstarken Protestaktion vereitelt.
Die Bautrupps samt LKWs mit den Bauteilen und Flügeln mussten sich trotz Polizeischutz zurückziehen.
Die Aktion verlief in typisch südkretischer Art. Wie in Klöstern in der Gegend zu sehen, lassen sich die Äbte vorzugsweise in Uniform und mit umgehängten Gewehr malen.

Meine Frage was der Grund für den Widerstand sei, wurde mit dem Hinweis auf die Windfarm bei Keramis beantwortet.

Dort ist die Umwelt durch die Windräder schwer geschädigt,

sie machen Menschen und Tiere krank und schädigen die
Landwirtschaft.
Durch die Aufstellung auf den Bergkämmen werden noch
größere Flächen geschädigt als in der Ebene.

Der Wind kann die Schadstoffe, die sich aus glasfaser-
verstärktem Kunststoff gefertigten Flügeln lösen, über viele
Kilometer verbreiten. Tiere sterben sogar daran.
Ein weitreichender Schadfaktor ist der Infraschall, den die
Windräder erzeugen.

Die Regierung in Griechenland plant laut **Medienberichten**
einen Ausbau von Offshore Windparks. Ob das dem
Widerstand auf Kreta geschuldet ist, ist mir nicht bekannt.
Nach dem Nationalen Energie- und Klimaplan, den die
Athener Regierung im herbst des Vorjahres der EU-
Kommission vorlegte sollen 9,5 GW bis 2030 auf Windkraft
entfallen, davon 1,9 GW auf Offshore-Anlagen. Angesichts
der rund um die Inseln rasch zunehmenden Wassertiefe,
sollen diese Anlagen auf schwimmenden Plattformen
errichtet werden. Ein absurdes Unterfangen, das extrem
kostspielig und umweltschädlich wäre.
**Florida hat mittlerweile übrigens Offshore Windparks
gesetzlich verboten.**

<u>Die Links hierzu finden Sie am Ende des Berichtes.</u>

Extremwetter und die Mainstream Medien

Regierungs- und Konzernmedien schoben natürlich wieder
Panik. „Hitzewelle in Ägäis erreicht Höhepunkt" titelte der
ORF. Auch griechische Behörden machen mit und schlossen
Sehenswürdigkeit im Raum Athen.
Dabei waren die Temperaturen zwischen 35 und 45 Grad für
Griechenland völlig normal. 1977 hatte es auch zwei

Wochen lang bis zu 48 Grad in weiten Teilen Griechenlands und auf den Inseln, 1990 bis zu 49 Grad in Kreta um nur zwei der vielen wärmeren Zeiten zu nennen.
Früher kam niemand auf die Idee einen Lockdown und Schließungen wegen sommerlicher Temperaturen zu verhängen.
Die ohnehin nur plakativ und Show sind, denn überall sonst ging das Leben normal weiter.

Der ORF kann es auch wieder nicht lassen am Ende seine bei derartigen Berichten übliche Desinformation loszuwerden:

Extremwetterereignisse werden häufiger

Zwar lassen sich einzelne Extremereignisse nicht direkt auf eine bestimmte Ursache zurückführen, klar ist laut Weltklimarat aber: Durch die Klimakrise werden Extremwetterereignisse wie Überschwemmungen, Stürme und Hitze häufiger und intensiver.

Das heißt: Niederschläge und Stürme werden stärker, Hitzewellen heißer und Dürren trockener.

Das ist schlicht und einfach falsch. Dafür müssen die Bürger auch noch bezahlen und die Regulierungsbehörde

KommAustria tut … nichts.

Hier sehen wir in der **Grafik aus Our World in Data** der Johns Hopkins University, deren Daten in der Corona „Pandemie" allgegenwärtig genutzt wurden, einen eher rückläufigen Trend.
95

Und das sowohl insgesamt als auch für Wetterextreme, Überschwemmungen, Trockenheit, Temperaturextreme und Waldbrände.

Hier sehen wir in der **Grafik aus Our World in Data** der Johns Hopkins University, deren Daten in der Corona „Pandemie" allgegenwärtig genutzt wurden, einen eher rückläufigen Trend.

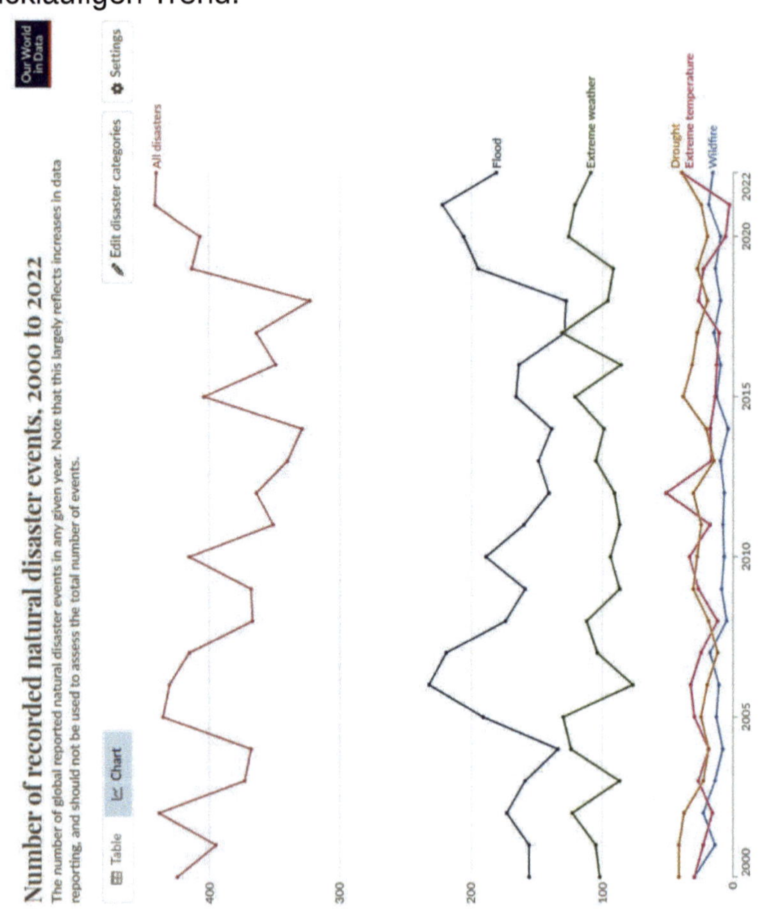

Und das sowohl insgesamt als auch für Wetterextreme, Überschwemmungen, Trockenheit, Temperaturextreme und Waldbrände.

<u>Den Link hierzu finden Sie am Ende des Berichtes.</u>

Konzern- und Regierungsmedien werden dagegen nicht müde Behauptungen zu verbreiten, es gäbe mehr Hitze/Kälte, Dürre/Überflutung, Stürme/Windstille, Waldbrände und deren Gegenteil wegen Klimawandel und Erderwärmung. TKP hat immer wieder über Studien berichtet, die zeigen, dass Extremwetter Ereignisse sogar rückläufig sind.
So werden **Dürreperioden tendenziell weniger,** auch **Wirbelstürme werden weniger sowie starke und heftige Tornados sind seit 1950 weniger geworden** – um nur einige zu nennen.

<u>Die Links hierzu finden Sie am Ende des Berichts.</u>

Windparks und „Erneuerbare Energien" verursachen jedenfalls deutlich mehr Veränderungen von Wetter und Klima als CO2.
Der Anstieg des CO2-Gehalts in der Atmosphäre ist eher den Windparks und anderen Maßnahmen geschuldet, da wärmere Meere CO2 freigeben.

<u>Hier die Links zu o.a. Bericht:</u>
Seite 89
https://tkp.at/2024/04/16/wettermanipulation-zensierte-fakten-und-unbeantwortete-fragen/

Seite 91
https://tkp.at/2023/08/06/atlantik-hitzerekord-menschgemacht-durch-umweltschutz/

97

https://www.science.org/content/article/changing-clouds-unforeseen-test-geoengineering-fueling-record-ocean-warmth

https://www.qwant.com/?client=brz-operaa&q=study+wind+turbine+weather+influence&t=web

https://www.nature.com/articles/nclimate1505

https://www.nature.com/articles/nclimate1505

https://tkp.at/2024/02/10/verursachen-windparks-erderwaermung-und-klimaschaeden/
Den kompletten Bericht lesen Sie auf Seite 050.
Seite 92
https://tkp.at/2024/05/17/windparks-fuer-hitzewellen-und-saharastaub-in-europa-verantwortlich/
Den kompletten Bericht hierzu, lesen Sie auf Seite 80.

Seite 94
https://www.rnd.de/wirtschaft/griechenland-plant-schwimmende-windparks-rund-um-kreta-rhodos-und-korfu-YIGKXIHWYZDRLNZMDKMT4VFFLU.html

https://tkp.at/2024/05/24/florida-verbietet-offshore-windparks-und-wendet-sich-gegen-maer-von-menschengemachter-erderwaermung/
Den ganzen Bericht lesen Sie auf Seite 085.

Seite 96
https://ourworldindata.org/grapher/number-of-natural-disaster-events?time=2000..2019&country=All+disasters~Drought~Dry+mass+movement~Earthquake~Extreme+temperature~Extreme+weather~All+disasters+excluding+extreme+temperature~Wildfire

Seite 97
https://tkp.at/2023/10/28/duerreperioden-werden-tendenziell-
weniger-einfluss-von-klima-temperatur-oder-co2-nicht-
erkennbar/

https://tkp.at/2023/08/15/wetterextreme-wie-wirbelstuerme-
werden-weniger/

Nach Solarbranche auch Verluste bei Windkraft Erzeuger Siemens Gamesa

Link hierzu:
https://tkp.at/2024/06/19/nach-solarbranche-auch-verluste-bei-windkraft-erzeuger-siemens-gamesa/
Autor: Dr. Peter F. Mayer

Windkraft ist nicht nur umweltschädlich und beschert uns höhere Temperaturen und Saharastaub – es ist offenbar auch kein gutes Geschäft.
Die schon länger mit Problemen kämpfende Windsparte von Siemens meldet nun bei der spanischen Tochterfirma Siemens Gamesa die Kündigung von 4100 Mitarbeitern.

Die Branche der angebliche sauberen Energie kämpft mit wachsenden Absatzschwierigkeiten. Kürzlich hatte der Branchenleader bei Wechselrichtern und anderem PV-Anlagen-Zubehör Fronius **350 Mitarbeiter gekündigt** und weitere 1300 Mitarbeiter in Kurzarbeit geschickt.
Die niederösterreichische Santastic.solar hat Konkurs angemeldet.

Den Link hierzu finden Sie am Ende des Berichtes.

Nach einer **Abschreibung seines Marktwertes** in Höhe von 5,8 Milliarden Euro im Vorjahr kündigte nun Siemens Gamesa 4100 Mitarbeiter wie **Eike** meldet. Wie in der Solarbranche bleiben auch bei der Windkraft die Aufträge aus.
Vattenfall hatte ein Großprojekt vor Schottland trotz massiver Förderungen mit Steuergeldern mangels Profitabilität einstellen müssen.

Die Kosten für Betrieb und Entsorgung sind enorm, die Produktion windabhängig und daher unzuverlässig.

<u>Die Links hierzu finden Sie am Ende des Berichtes.</u>

Hier zu sehen eine Deponie für Rotorflügel am Ende ihrer Verwendungszeit von etwa 10 Jahren – rechts oben das kleine gelbe ist eine Maschine zum Handling der Rotoren.

Dazu kommt, dass der Widerstand in der Bevölkerung rapide wächst, da die Schäden für Umwelt, Landwirtschaft und Tier enorm sind und Anrainer gesundheitliche Probleme bekommen. Über den sehr aktiven Widerstand der Bevölkerung in Kreta **habe ich hier berichtet.**
Die Turbinen erzeugen **Infraschall** auf sehr tiefen Frequenzen, was Mensch und Tier zu schweren gesundheitlichen Schäden führt.
Die Rotorblätter bestehen aus Glasfaserverstärktem Kunststoff (GFK), der sich in kleinsten Teilchen in großem

Umkreis verteilt, wobei vor vor allem die mikroskopischen
Glasfasern für Mensch und Tier sehr gefährlich sind.

Die Links hierzu lesen Sie am Ende des Berichts.

Dazu kommt, dass mittlerweile **Studien aus vielen Ländern**
eine regionale Temperaturerhöhung durch den Betrieb von
Windparks nachgewiesen haben. Umkreis verteilt, wobei
vor vor allem die mikroskopischen Glasfasern für Mensch
und Tier sehr gefährlich sind.

Hier die Links zu o.a. Bericht:

Seite 99
https://tkp.at/2024/06/17/bauchlandung-der-photovoltaik-
branche/

Seite 100
https://eike-klima-energie.eu/2024/06/18/siemens-gamesa-
entlaesst-4-100-mitarbeiter-in-der-sparte-windkraft/

https://eike-klima-energie.eu/2024/06/18/siemens-gamesa-
entlaesst-4-100-mitarbeiter-in-der-sparte-windkraft/

https://tkp.at/2024/03/15/vattenfall-beendet-wasserstoff-
produktion-mit-offshore-wind-verzerrte-wahrnehmung-in-
konzernmedien/
Den ganzen Bericht lesen Sie auf Seite 059.

Seite 101
https://tkp.at/2024/06/16/hitze-und-saharastaub-in-
griechenland-und-die-rolle-von-windparks/
Den ganzen Bericht lesen Sie auf Seite 088.

https://tkp.at/2024/05/14/windraeder-unzuverlaessig-teuer-klima-veraendernd-und-gesundheitsschaedlich-durch-infraschall/
Den ganzen Bericht lesen Sie auf Seite 063.

https://tkp.at/2024/06/16/hitze-und-saharastaub-in-griechenland-und-die-rolle-von-windparks/
Den ganzen Bericht lesen Sie auf Seite 080.

Studie: Wind- und Solarparks verstärken Regen und Vegetation

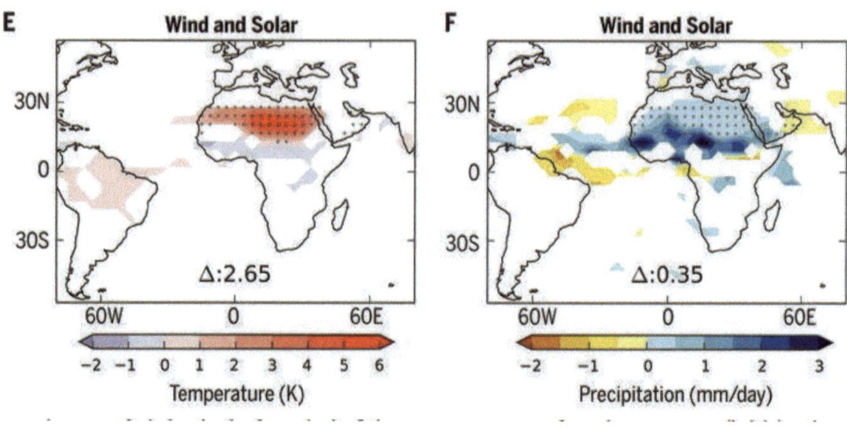

Link hierzu:
https://tkp.at/2024/06/24/studie-wind-und-solarparks-
verstaerken-regen-und-vegetation/

Autor: Dr. Peter F. Mayer

Die Verwendung von Windenergie kann die Emissionen von CO2 reduzieren, verursacht aber klimatische Auswirkungen wie wärmere Temperaturen. In Europa und USA ist die Dichte an Windparks bereits so groß, dass wir deutliche klimatische Auswirkungen erleben. Auch Solarfarmen haben erheblich klimatische Auswirkungen, jedoch eher das Gegenteil von Abkühlung.

Der Ausbau von Photovoltaik und insbesondere Windparks wurde in den letzten beiden Jahrzehnten intensiv vorangetrieben, ohne dass man sich über die klimatischen

Auswirkungen im klaren war. Ebenso wenig Beachtung
fanden die Auswirkungen auf Netze und Strompreise
Beachtung.
n Österreich gab es etwa bereits über 150 Stunden wo ein
Überschuss an Solarstrom zu negativen Strompreisen
führte.
Im Winter, wo Solarstrom weitgehend fehlt, aber der
Verbrauch erheblich höher ist, tritt das Gegenteil ein.

Eine **Studie von Yan Li et al** mit dem Titel „*Climate model
shows large-scale wind and solar farms in the Sahara
increase rain and vegetation*" (Klimamodell zeigt, dass groß
angelegte Wind- und Solarparks in der Sahara Regen und
Vegetation verstärken).

Den Link hierzu finden Sie am Ende des Berichtes.

Die Autoren fragen sich, ob eine Reduzierung von
Kohlenstoffemissionen die einzige Auswirkung ist. Sie
führten dazu Experimente mit einem Klimamodell durch, um
zu zeigen, dass die Installation von groß angelegten Wind-
und Solaranlagen in der Sahara zu mehr lokalen
Niederschlägen führen könnte, insbesondere in der
benachbarten Sahelzone.

Dieser Effekt, der durch eine Kombination aus erhöhtem
Oberflächenwiderstand und verringerter Albedo verursacht
wird, könnte die Bedeckung durch die Vegetation erhöhen,
was eine positive Rückkopplung zur Folge hätte, die die
Niederschläge weiter erhöhen würde.

Beobachtet man die Wetterentwicklung in Mitteleuropa –
und so ziemlich alle europäischen Länder bekommen durch
die Fußball EM den übermäßigen Niederschlag in
Deutschland selbst sehen – stellt sich die Frage, wie weit die

Ergebnisse auf Europa übertragbar sind.

In der Zusammenfassung schreiben die Autoren [Hervorhebungen meine]:

> „Wind- und Solarparks bieten einen wichtigen Weg zu sauberen, erneuerbaren Energien. Allerdings würden diese Anlagen die Eigenschaften der Landoberfläche erheblich verändern, und wenn sie groß genug sind, könnten sie zu **unbeabsichtigten Klimafolgen** führen. In dieser Studie haben wir ein Klimamodell mit dynamischer Vegetation verwendet, um zu zeigen, dass großflächige Installationen von Wind- und Solarparks, die die Sahara bedecken, zu einem **lokalen Temperaturanstieg und zu einer mehr als zweifachen Zunahme der Niederschläge**, insbesondere in der Sahelzone, führen, da die Oberflächenreibung erhöht und die Albedo verringert wird. Die daraus resultierende **Zunahme der Vegetation verstärkt den Niederschlag, was zu einer positiven Rückkopplung zwischen Albedo, Niederschlag und Vegetation** führt, die etwa 80 % der schlagszunahme durch Windparks ausmacht. Diese lokale Verstärkung ist maßstabsabhängig und gilt insbesondere für die Sahara, während sie in anderen Wüsten nur geringe Auswirkungen hat."

Die Grafik zeigt recht anschaulich welchen Effekt Wind- und Solarfarmen auf Temperaturen und Regenfälle haben.

Links der Einfluss auf die Temperatur, rechts auf die Niederschläge:

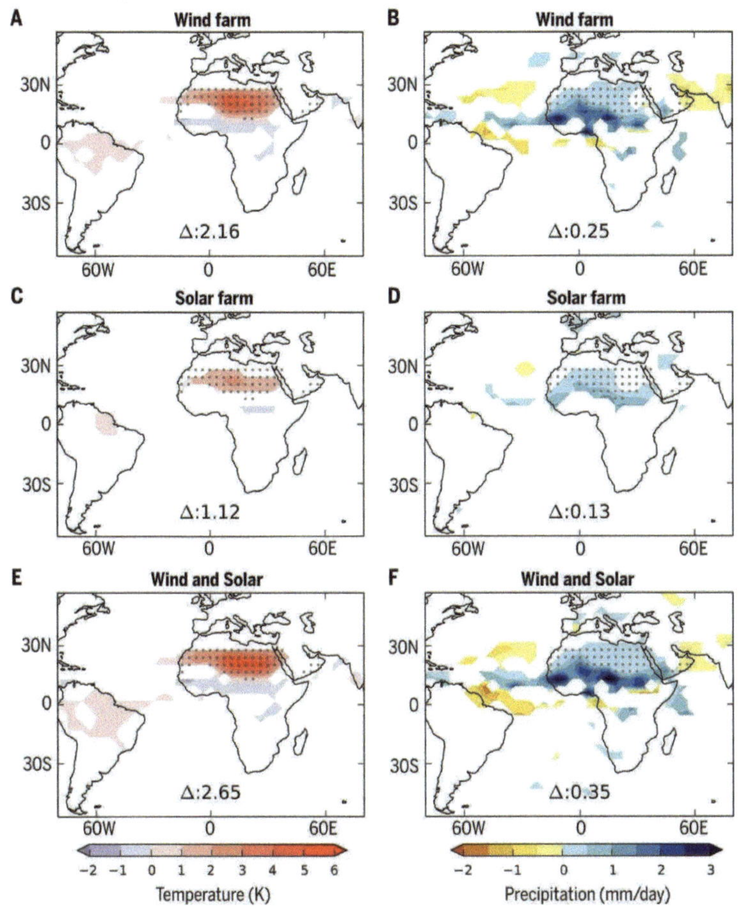

Abb. 1 Auswirkungen von Wind- und Solarparks in der Sahara auf die mittlere oberflächennahe Lufttemperatur (Kelvin) und die Niederschlagsmenge (Millimeter pro Tag).

Dargestellt sind die Auswirkungen von Windparks (A und B), Solarparks (C und D) bzw. von Wind- und Solarparks zusammen (E und F). Auf der Karte sind nur die Gebiete

dargestellt, in denen die Veränderungen mit einem
Konfidenzniveau von 95 % (t-Test) signifikant sind. Graue
Punkte kennzeichnen den Standort von Wind- und/oder
Solarparks.
Die Zahl hinter Δ am unteren Rand jeder Grafik steht für die
Veränderungen des Klimas (entweder in Kelvin oder in
Millimetern Niederschlag pro Tag), gemittelt über die von
Wind- und Solarparks abgedeckten Gebiete.

Auch andere Studien beweisen Temperaturerhöhungen
durch Windparks und einen erheblichen Einfluss auf die
Strömungsverhältnisse und Wettersysteme.
Es liegt nahe, dass deren Veränderungen durch die Solar-
und Windparks Wetter und Klima verändern.

Es ist so ähnlich wie bei der Corona-Impfkampagne.
Man hat irgendeine neue Idee, zum Beispiel Gentherapie
gegen Schnupfen, wendet sie weltweit an und bestreitet
dann die Folgen und unterbindet Medienberichte darüber.
Man baut um Hunderte von Milliarden Solaranlagen und
Windparks und niemand hat sich die Auswirkungen auf
Wetter, Niederschläge, Temperaturen und Klima überlegt.
Passiert dann unerwartetes, schiebt man es einfach auf
0,008 Volumenprozent mehr Kohlendioxid durch
menschliche Aktivitäten.

Hier der Link zu Seite 104:

https://www.science.org/doi/10.1126/science.aar5629

Windenergie verursacht Klimaerwärmung und produziert „Flatterstrom"

Link hierzu:
https://tkp.at/2024/06/27/windenergie-verursacht-klimaerwaermung-und-produziert-flatterstrom/

Autor: Dr. Peter F. Mayer

Wann immer Studien sich mit den klimatischen Folgen der Windparks befassen, kommt eine nicht unerhebliche Erwärmung sowie eine feuchteres Klima heraus. Die Verwendung von Windenergie kann zwar die Emissionen von CO2 reduzieren, verursacht aber klimatische Auswirkungen wie wärmere Temperaturen und feuchtere Luft.

Windräder haben eine Reihe von Einflüssen auf die Atmosphäre, die keineswegs nur lokal Auswirkungen zeigen. Studien in den **USA, Afrika,** bei den **britischen Inseln** oder Österreich haben als großräumige Effekte Temperaturerhöhung, Turbulenzen, veränderte Windgeschwindigkeiten, Reduzierung des Drucks gemäß dem Bernoulli Prinzip und die Zufuhr von Feuchtigkeit sowie für Europa vermehrte Verfrachtung von Saharastaub gezeigt.

<u>Die Links hierzu lesen Sie am Ende des Berichtes.</u>

Die Temperaturerhöhung in Kombination mit verstärkter Feuchtigkeit und Saharastaub wird sogar doppelt empfunden.
Bei 30 Grad und 40% Luftfeuchtigkeit ist die gefühlte Temperatur 34 Grad, bei einer Erhöhung der Luftfeuchtigkeit

auf 80% steigt die **gefühlte Temperatur auf 43 Grad**!
Auch Saharastaub trägt über Kondensationsprozesse
offenbar zur gefühlten Temperaturerhöhung bei.

Windräder wirken also.

Eine **Studie aus dem Jahr 2018** von Lee Miller und David
W. Keith mit dem Titel *„Climatic Impacts of Wind Power"*
(Klimaauswirkungen der Windenergie) kommt zu folgenden
wesentlichen Schlüssen:

Die Windenergie reduziert die Emissionen, verursacht aber
klimatische Auswirkungen wie wärmere Temperaturen

- Erwärmungseffekt am stärksten in der
  Nacht, wenn die Temperaturen mit der
  Höhe zunehmen

- Erwärmungseffekt in der Nacht in 28 in
  Betrieb befindlichen US-Windparks
  beobachtet

- Die Erwärmung durch Wind kann die
  vermiedene Erwärmung durch verringerte

- Emissionen ein Jahrhundert lang
  übersteigen

Die Autoren diskutieren die klimatische Auswirkungen und
prognostizieren eine weitere Erhöhung der Temperaturen bei
weiteren Ausbau von Windparks:

„Die Windenergie kann das Klima beeinflussen,
indem sie die atmosphärische Grenzschicht
verändert. Mindestens 40 Arbeiten und 10

110

Beobachtungsstudien bringen die Windenergie inzwischen mit klimatischen Auswirkungen in Verbindung.
Wir stellen den ersten Vergleich zwischen den klimatischen Auswirkungen der Windkraft in großem Maßstab und Beobachtungen vor Ort an und stellen fest, dass die Erwärmung durch Windturbinen nachts am stärksten ist.
Die klimatischen Auswirkungen der Windenergie werden mit dem weiteren Ausbau der Anlagen weiter zunehmen."

<u>Den Link hierzu finden Sie am Ende des Berichtes.</u>

Über die physikalischen Wirkmechanismen schreiben die Autoren:

„Um Energie zu gewinnen, müssen alle erneuerbaren Energieträger die natürlichen Energieströme verändern, so dass Auswirkungen auf das Klima unvermeidlich sind, die jedoch in Umfang und Art sehr unterschiedlich ausfallen. Windturbinen erzeugen Strom, indem sie kinetische Energie gewinnen, die die Winde verlangsamt und den Austausch von Wärme, Feuchtigkeit und Schwung zwischen der Oberfläche und der Atmosphäre verändert. Beobachtungen zeigen, dass Windturbinen das lokale Klima verändern,1, 2, 3, 4, 5, 6, 7, 8, 9, 10 und Modelle zeigen lokale bis globale Klimaveränderungen durch die großflächige Nutzung der Windenergie."

Erzeugung von Flatterstrom

Die „erneuerbaren" Energien sind natürlich nicht erneuerbar
 und vor allem unzuverlässig.
Kinetische Energie des Windes wird in Wärme und Strom
umgewandelt, der Strom erwärmt irgendwo Wasser, lädt ein
Smartphone oder ein E-Auto. Wird der Wind weniger und
schläft möglicherweise ganz ein, dann haben die Netz-
Regulatoren ein Problem, denn sie müssen Strom aus einer
anderen Quelle beziehen.

Am 25. Juni **kostete wie berichtet die kWh für
Deutschland** sogar bis zu 2 Euro, im Schnitt immerhin noch
rund 50 Cent, in Frankreich war dagegen der Atomstrom mit
etwa 0,3 Cent wohlfeil.

<u>Den Link hierzu finden Sie am Ende des Berichtes.</u>

Die **Welt schrieb am 14.4.2014** über Flatterstrom:

„Gabriels EEG-Novelle setzt vor allem auf wetterabhängige
Ökostrom-Quellen. Die aber liefern unzuverlässig Strom.
Dabei gäbe es umweltfreundliche und sichere Alternativen.
Doch die werden blockiert."

<u>Den Link hierzu finden Sie am Ende des Berichtes.</u>

Das fand die Welt damals noch gar nicht gut. Der Artikel
beschreibt die Probleme ziemlich präzise:

> „Tatsächlich tun sich die Netzbetreiber immer
> schwerer, mit dem wetterbedingten Auf und Ab
> der Wind- und Solarstrom-Einspeisung
> klarzukommen. Schon wenn ein Wolkenband
> über Deutschland zieht, kann die Solarstrom-

112

Produktion um drei, vier Gigawatt einbrechen.

Die Ingenieure in den Netz-Zentralen müssen in
solchen Augenblicken schauen, wo sie
Ersatzstrom herbekommen, der immerhin der
Leistung von drei Atomkraftwerken entspricht.
Dann werden in ganz Deutschland Kraftwerke
rauf- und heruntergefahren, um die Netzfrequenz
stabil bei 50 Hertz zu halten."

Und weiter:

„Kein Wunder, dass die Netzbetreiber den Strom aus
Windkraft- und Solaranlagen inzwischen despektierlich
„Flatterstrom" oder „Zappelstrom" nennen.
Der sorgt gelegentlich gar für albtraumartige Situationen."

Man wusste es also, was auf uns zukommt und das schon
vor 10 Jahren.

Aber die grünen „Dealer" in EU-Kommission und den
Regierungen haben eine Mission zu erfüllen.
Und die Mission ist offenbar auf Wunsch der USA die
Zerstörung von Wirtschaft und Wohlstand in der EU, allen
voran in Deutschland.

Fassen wir kurz zusammen:
Windfarmen sorgen für Erwärmung des Klimas, machen die
Luft feuchter, was die gefühlte Temperatur nochmals
steigert, erhöht die Stromkosten beträchtlich und kann sogar
zu Blackouts führen.
Dazu schaden sie der Umwelt, Landwirtschaft und den
Menschen und Tieren in ihrer weiteren Umgebung.

Hier die Links zu o.a. Bericht:

Seite 108
https://tkp.at/2024/06/16/hitze-und-saharastaub-in-griechenland-und-die-rolle-von-windparks/
Den ganzen Bericht lesen Sie auf Seite 088.

https://tkp.at/2024/06/24/studie-wind-und-solarparks-verstaerken-regen-und-vegetation/
Den ganzen Bericht hierzu lesen Sie auf Seite 104.

https://tkp.at/2024/05/17/windparks-fuer-hitzewellen-und-saharastaub-in-europa-verantwortlich/
Den ganzen Bericht hierzu lesen Sie auf Seite 080.

Seite 110
https://www.sciencedirect.com/science/article/pii/S254243511830446X

Seite 111
https://tkp.at/2024/06/26/europaeischer-strommarkt-in-turbulenzen-hoechstpreise-dank-energiewende/

https://www.welt.de/wirtschaft/article126902756/Flatterstrom-gefaehrdet-Stabilitaet-der-Netze.html

Texas: Erwärmung um 0,72 Grad pro Jahrzehnt durch Windparks

Link hierzu:
https://tkp.at/2024/06/30/texas-erwaermung-um-072-grad-pro-jahrzehnt-durch-windparks/
Autor: Dr. Peter F. Mayer

In einer texanischen Region, in der sich vier der größten Windparks der Welt befinden, wurde über einen Zeitraum von neun Jahren ein Anstieg der Landoberflächentemperatur festgestellt, den Forscher mit den lokalen meteorologischen Auswirkungen der Turbinen zuordnen.
Zu ähnlichen Ergebnissen kommen immer mehr Studien. Die dem CO2 zugeschriebene Erwärmung scheint statt dessen auf die Veränderungen in der Atmosphäre durch Windparks zurückzuführen sein.

Die Landoberflächentemperatur um die Windparks in West-Zentral-Texas erwärmte sich während des Untersuchungszeitraums um 0,72 Grad Celsius pro Jahrzehnt im Vergleich zu den nahe gelegenen Regionen ohne Windparks.
Dieser Effekt wurde höchstwahrscheinlich durch die Turbulenzen in den Turbinenräder verursacht, die wie Ventilatoren wirken und nachts wärmere Luft aus höheren Lagen anziehen, **sagte** die Hauptautorin Liming Zhou von der University of Albany, State University of New York.

<u>Den Link hierzu finden Sie am Ende des Berichtes.</u>

Auf Wunsch kann ich Ihnen diese Datei als PDF zusenden.

Schreiben Sie mir unter traude-schubert@gmx.de.

Die Ergebnisse wurden in der Ausgabe vom 29. April 2012 unter dem Titel *„Impacts of wind farms on land surface temperature“* (Einfluss von Windfarmen auf die Landoberflächentemperatur) **in Nature Climate Change veröffentlicht.** Zhou und seine Kollegen untersuchten Temperaturdaten der Landoberfläche aus den Jahren 2003 bis 2011, die von den MODIS-Instrumenten (Moderate-Resolution Imaging Spectroradiometer) auf den NASA-Satelliten Aqua und Terra stammen.

<u>Den Link hierzu finden Sie am Ende des Berichtes.</u>

Die Landoberflächentemperatur misst die Temperatur der Erdoberfläche selbst, im Gegensatz zur Lufttemperatur, die in den täglichen Wetterberichten angegeben wird.
Im Vorjahr sind die Europäische Raumagentur und Main Stream Medien allerdings kurzzeitig auf Berichte von Landoberflächentemperaturen übergegangen um das Narrativ der kochenden Erde zu bedienen.

Auch ein **Tweet von Karl Lauterbach aus Bologna** schlug in die gleiche Kerbe.
Die Temperatur der Landoberfläche hängt in weiten Teilen der Landschaft stark von der Art der Bodenbedeckung und der Beschaffenheit der Oberfläche ab. An bestimmten Orten schwankt die Landoberflächentemperatur von Tag zu Nacht stark, während die Lufttemperatur in einem kleineren Bereich schwankt.

<u>Den Link hierzu finden Sie am Ende des Berichtes.</u>

Die von MODIS beobachtete Erwärmung fand hauptsächlich nachts statt. In der untersuchten texanischen Region kühlt

die Temperatur der Landoberfläche nach Sonnenuntergang
normalerweise schneller ab als die Lufttemperatur.
Da sich die Windturbinen jedoch weiter drehten, brachte die
Bewegung wärmere Luft an die Oberfläche und führte so zu
einem Erwärmungseffekt im Vergleich zu Regionen ohne
Windparks.
Die Forscher erwarteten, dass tagsüber das Gegenteil der
Fall sein würde – eine leichte Abkühlung -, aber die Daten
zeigten stattdessen eine geringe Erwärmung oder einen
vernachlässigbaren Effekt während des Tages.

Das Ergebnis aus Texas stimmt interessanterweise mit einer
Untersuchung im Burgenland überein, wo die Messdaten
einer Station in Eisenstadt eine Erhöhung der Lufttemperatur
um just den selben Wert von 0,72 Grad pro Jahrzehnt
ergeben hat nach Errichtung der großen Windparks.

<u>Den Link hierzu finden Sie am Ende des Berichtes.</u>

Die US-Windindustrie hatte bis Ende 2011 insgesamt
46.919 Megawatt Leistung installiert – das waren mehr als
20 Prozent der weltweit installierten Windenergie und etwa
2,9 Prozent des gesamten US-Stroms, so die American
Wind Energy Association und das Energieministerium.

Lobend erwähnt wurde der Ausbau der Windpark in einem
Artikel vom World Economic Forum (WEF).
Texas sei weltweit der fünftgrößte Erzeuger von
Windenergie und die Windindustrie des Bundesstaates
beschäftige mehr als 25.000 Menschen. Texas ist vor allem
als das Land des Öls bekannt, aber 2018 wurde das
Äquivalent von mehr als 7 Millionen Haushalten in Texas
durch Windkraft angetrieben.

<u>Den Link hierzu finden Sie am Ende des Berichtes.</u>

Durch die Windenergieerzeugung des US-Bundesstaates wurde in diesem Jahr eine Menge an Emissionen vermieden, die dem Wert von 11,5 Millionen Autos entspricht, die in die Atmosphäre gepumpt werden.

Allerdings müsste sich seit 2003 bis jetzt eine Erwärmung von rund 1,5 Grad ergeben haben, was das WEF „vergisst" zu erwähnen.

Hier die Links aus o.a. Bericht:

Seite 115
https://tkp.at/2024/06/30/texas-erwaermung-um-072-grad-pro-jahrzehnt-durch-windparks/

https://www.nature.com/articles/nclimate1505

https://x.com/Karl_Lauterbach/status/1679484860812136448?ref_src=twsrc%5Etfw%7Ctwcamp%5Etweetembed%7Ctwterm%5E1679484860812136448%7Ctwgr%5E9037125f69c2dfa5c699b8e52bd898feeddadb6c%7Ctwcon%5Es1_&ref_url=https%3A%2F%2Ftkp.at%2F2023%2F07%2F24%2Feuropaeische-raumagentur-foerdert-klimapanik-mit-falschen-temperaturzahlen%2F

Seite 116
https://tkp.at/2024/02/10/verursachen-windparks-erderwaermung-und-klimaschaeden/
Den vollständigen Text lesen Sie auf Seite 050.

https://www.weforum.org/stories/2020/01/texas-us-wind-power-renewable-energy/

Studie:
Windräder machen Menschen und Tiere krank und schaden der Umwelt

Bild von keepwakin auf Pixabay

Link hierzu:
https://tkp.at/2024/07/02/studie-windraeder-machen-menschen-und-tiere-krank-und-schaden-der-umwelt/

Autor: Dr. Peter F. Mayer

Schädliche Auswirkungen auf Mensch, Tiere und Umwelt in der Nähe von Windkraftanlagen sind mittlerweile gut dokumentiert. Die massiven negativen Auswirkungen einer Reihe von Windrädern auf einem Bergkamm über der Ortschaft Keramis in Kreta haben in

anderen Bereichen der Insel die Bewohner dazu gebracht, die Errichtung weiterer Windräder zu verhindern.
Eine Feldforschungsstudie hat eine ganze Palette von Schadwirkungen der Windkraftanlagen aufgedeckt.

Es sind vor allem drei Faktoren, die zu den massiven Schäden führen.
Der erste Faktor ist Lärm und zwar im unhörbaren **Infraschallbereich**. Die Frequenz liegt unterhalb der Hörschwelle wird aber von Mensch und Tier auf weite Entfernungen gespürt. Krankheiten sind die Folge.

Den Link hierzu finden Sie am Ende des Berichtes.

Der zweite Faktor sind Ablösungen von den Rotorblättern, die sich je nach Aufstellung unterschiedlich weit verbreiten können. Diese etwa 70 Meter langen Flügel bestehen aus glasfaserverstärkten Kunststoffen und haben eine Nenn-Lebensdauer von etwa 10 Jahren.
Durch Sonne und Wind kommt es zur Ablösung von mehr oder minder großen Teilen, wobei vor allem der Glasfaseranteil für Tiere tödlich sein kann, wie mir in Kreta erklärt wurde.
Dazu kommen die Epoxy- oder Polyesterharze, die Landwirtschaft unmöglich machen und Pflanzen schaden.

Der dritte Faktor sind lokale meteorologische Wirkungen, wie etwa Turbulenzen.
Die Studie von Carmen Maria Krogh et al mit dem Titel *„Wind turbines: Vacated/abandoned homes study – Exploring research participants' descriptions of observed effects on their pets, animals, and well water"* (Windkraftanlagen: Studie über leerstehende/verlassene Häuser – Untersuchung der Beschreibungen der

Forschungsteilnehmer über die beobachteten Auswirkungen auf ihre Haustiere, Tiere und Brunnenwasser) **erschien Anfang 2024 in Environmental Disease.**

<u>Den Link hierzu finden Sie am Ende des Berichtes.</u>

Der Hintergrund für diese Studie wird so erklärt:
> „Nachbarn, die im Umkreis von 10 km von industriellen Windturbinen wohnen, haben über gesundheitliche Beeinträchtigungen berichtet und eine Räumung ihrer Häuser in Erwägung gezogen.
> Einige Teilnehmer schilderten ihre Sorge um die Tierwelt und die Auswirkungen auf ihre Haustiere, Tiere und ihr Brunnenwasser. Obwohl Quellen wie die wissenschaftliche Literatur, soziale Medien und Internet-Websites über diese Auswirkungen berichtet haben, ist die Forschung begrenzt."

Die Forscher haben Interviews mit Menschen geführt, die im Umkreis von 10 km von Windkraftanlagen wohnen oder gewohnt und ihre Häuser aufgegeben haben.
Ziel war es, die Beschreibungen der Teilnehmer über die Auswirkungen in Bezug auf ihre Haustiere, Tiere und Brunnenwasser zu untersuchen und eine Theorie zu entwickeln.

Die Untersuchungen haben eine ganze Reihe von Schäden dokumentiert. **Beispiele hierfür sind:**

- Missbildungen der Gliedmaßen bei Pferden

- Geburtsfehler (mit fehlenden Augen und Schwänzen geboren) bei Rindern, Hühner, die mit gekreuzten Schnäbeln geboren werden

- 264 % höhere Cortisolwerte (Stress) bei Waldtieren

- erhöhte Aggressivität und unberechenbares Verhalten bei Haus- und Nutztieren (z. B. das Treten neugeborener Kälber)

- höhere Krebsraten

- Totgeburten und Fehlgeburten, Rückgang der Fruchtbarkeit, Geburten mit Prolaps

- kontaminierte, graue Wasserbrunnen mit 14.000-fach höherem Gehalt an Schwarzschiefer

In Kreta haben die Bewohner die Erfahrung von in der Nähe existierender Anlagen Lebender zum Anlass genommen, die Errichtung von Windrädern zu verhindern und nicht selbst woanders hin zu ziehen, wie das ein Teil der in der Studie Befragten getan hat.

Aber Windkraftanlagen haben nicht nur auf die in der Nähe lebenden Menschen einen negativen Einfluss, sondern großräumig mittlerweile wegen der enormen Anzahl sogar im kontinentalen Bereich.
Wie eine Reihe von Studien belegen, verursachen Windparks erhebliche **Temperaturerhöhungen**, verstärken erhöhen die Häufigkeit der **Verfrachtung von Saharasand in** Europa und sorgen für mehr **Regen und Feuchtigkeit.**

<u>Links hierzu finden Sie am Ende des Berichtes.</u>

Eine weitere negative Auswirkung ist die Verteuerung von Energie, da Windanalgen grundsätzlich unzuverlässig sind – sie produzieren **„Flatterstrom„.**
Man braucht teure Speicher oder Backup-Kraftwerke um

den Wechsel in der Produktion ausgleichen zu können. Bau
und Betrieb sind noch dazu kostspieliger als klassische
Energieerzeugung aus Kohlenwasserstoffen.
Rotorblätter werden nach 10 Jahren in Endlager verbracht,
da ihre Entsorgung aufwändig und kostspielig wäre.

<u>Den Link hierzu finden Sie am Ende des Berichtes.</u>

Allein in Europa gibt es bereits über 200.000 Windräder und
es kommen laufend neue dazu.

Hier die Links zu o.a. Bericht:
Seite 119
https://tkp.at/2024/05/14/windraeder-unzuverlaessig-teuer-
klima-veraendernd-und-gesundheitsschaedlich-durch-
infraschall/

Den ganzen Bericht lesen Sie auf Seite 063.
Seite 120
https://journals.lww.com/endi/fulltext/2024/09010/wind_t
urbines__vacated_abandoned_homes_study__.1.aspx

Seite 121
https://tkp.at/2024/06/30/texas-erwaermung-um-072-grad-
pro-jahrzehnt-durch-windparks/
Den ganzen Bericht lesen Sie auf Seite 115.

https://tkp.at/2024/05/17/windparks-fuer-hitzewellen-und-
saharastaub-in-europa-verantwortlich/
Den ganzen Bericht lesen Sie auf Seite 080.

Seite 121
https://tkp.at/2024/06/27/windenergie-verursacht-
klimaerwaermung-und-produziert-flatterstrom/
Den ganzen Bericht lesen Sie auf Seite 109.

Offshore Windturbine zerlegt sich – verstreut gefährliche „Glasfasersplitter"

Quelle: ZeroHedge **Bilder**: Nantucket Current

Link hierzu:
https://tkp.at/2024/07/18/offshore-windturbine-zerlegt-sich-verstreut-gefaehrliche-glasfasersplitter/

Autor: Dr. Peter F. Mayer

Die Bewohner von Nantucket müssen mit ansehen, wie sich ihre unberührten Strände in „Müllhalden" verwandeln, die mit Treibgut und scharfen Glasfasersplittern gefüllt sind. Dies veranlasste die Behörden, die Strände diese Woche zu sperren, nachdem eine massive Offshore-Windturbine einen katastrophalen Ausfall hatte.

Die Lokalzeitung **Nantucket Current berichtet,** dass am Dienstag Trümmer eines gebrochenen Flügels der Windkraftanlage Vineyard Wind an den Stränden des südlichen Nantucket angeschwemmt wurden.

*„**Das Wasser ist an allen Stränden** der Südküste wegen großer schwimmender Trümmer und scharfer Glasfasersplitter zum Schwimmen gesperrt"*, sagte Sheila Lucey, die Hafenmeisterin von Nantucket, und fügte hinzu: *"Sie können an den Stränden spazieren gehen, aber wir empfehlen Ihnen dringend, wegen der scharfen Glasfasersplitter und Trümmer an den Stränden Schuhwerk zu tragen."*

Am späten Dienstag erklärte das Bureau of Safety and Environmental Enforcement, dass die Offshore-Aktivitäten von Vineyard Wind bis auf weiteres eingestellt sind.

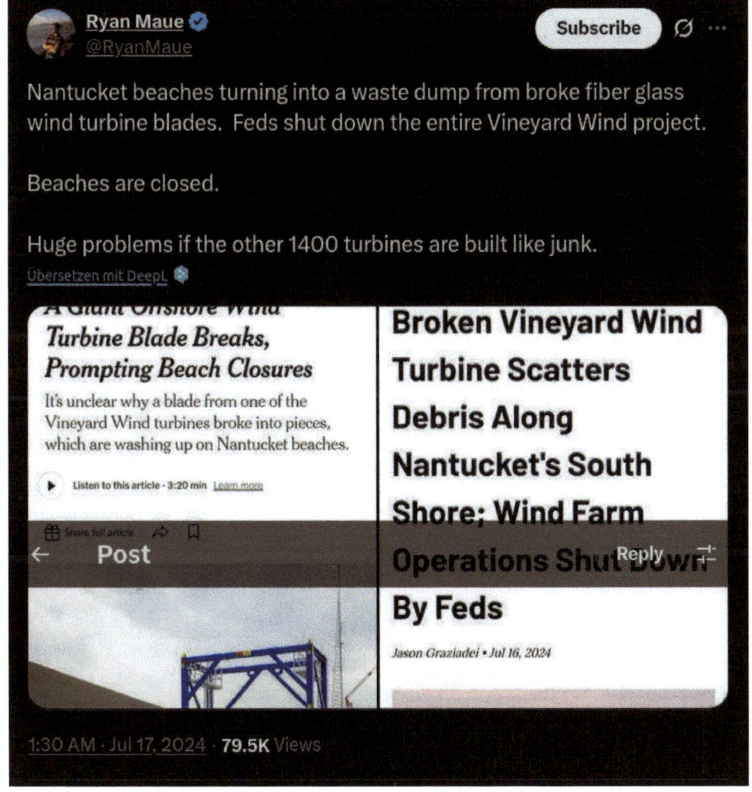

Vineyard Wind teilte am Montag mit, dass eine seiner massiven Turbinen am Samstagabend bei einem „Offshore-Zwischenfall" beschädigt wurde. Die Art des Vorfalls wurde nicht bekannt gegeben. *„Das Blatt ist etwa 20 Meter von der Wurzel entfernt gebrochen", sagte Vineyard Wind-Sprecher Craig Gilvarg und fügte hinzu: "*
Die Turbine befand sich in der Inbetriebnahmephase und wurde noch getestet. Das Blatt ist fast vollständig an der Turbine befestigt geblieben und nicht ins Wasser gefallen".

Tatsächlich sind Windräder gefährlich für Mensch und Tier. Im Süden Kretas haben **Bewohner die Errichtung eines Windparks** äußerst resolut verhindert, nach den Erfahrungen die mit anderen Windparks auf Kreta gemacht wurden. Tiere sterben, da in der Nahrung mehr oder minder große Glasfaserteile enthalten sind, Landwirtschaft ist um Umkreis unmöglich und die Menschen in der Nähe liegender Ortschaften werden krank und zum Auswandern gezwungen. Ursache dafür ist neben dem durch die Rotorblätter verteilten schädlichen Abfall, der Infraschall, der noch in bis zu 10 km Entfernung spürbar ist.

<ins>Den Link hierzu finden Sie am Ende des Berichts.</ins>

Eine Studie teils mit Menschen, die wegen durch Windräder verursachten Krankheiten zum Verlassen ihres Wohnsitzes gezwungen, hat die Schäden erhoben und bewertet, wie hier **berichtet.**

<ins>Den Link hierzu finden Sie am Ende des Berichtes.</ins>

Problematische Entsorgung

Die riesigen Rotorblätter haben eine Lebenszeit von maximal 10 Jahren und sind extrem schwierig und nur mit hohen Kosten zu entsorgen. Wie **hier berichtet** werden sie in der Regel einfach in eine Deponie verbracht und vergessen in der Hoffnung, dass niemanden mehr schaden.

<u>Den Link hierzu finden Sie am Ende des Berichtes.</u>

Eine **Studie von J. Beauson et al mit dem Titel** *„The complex end-of-life of wind turbine blades: A review of the European context"* (Das komplexe Ende des Lebenszyklus von Windturbinenblättern: Ein Überblick über den europäischen Kontext) befasst sich mit dem Problem der Entsorgung:

<u>Den Link hierzu finden Sie am Ende des Berichtes.</u>

„Das Recycling von duroplastischen Glasfaserverbund-werkstoffen im Allgemeinen und von Windturbinenblättern im Besonderen wird seit vielen Jahren untersucht, stellt aber nach wie vor eine Herausforderung dar."

Verschiedene Forscher experimentieren seit einiger Zeit mit Methoden, wie das Kunstharz verbrannt und das Glas extrahiert werden kann, ohne weitere Schäden zu verursachen. Allein in Europa sind mittlerweile mehr als 200.000 riesige Anlagen in betrieb. Man hat mit angeblichen „Klimaschutz" ein kostspieliges Umweltproblem produziert.

Es gibt jedenfalls zig Studien, die sich mit dem **Problem des Recycling beschäftigen,** jedoch nur relativ wenige zu den evidenten Veränderungen von Klima und Wetter, wie Temperaturerhöhung, Verstärkung von Regen und Verfrachtung von Saharasand.

<u>Den Link hierzu finden Sie am Ende des Berichtes.</u>

Dokumentation der Schäden

Nantucket Current veröffentlichte eine Reihe von Bildern, die zeigen, dass die Strände in der Umgebung mit Trümmern übersät sind.

Die lokale Zeitung spielte die Gefahren herunter und bezeichnete die Trümmer als „ungiftiges Fiberglas" und „nicht gefährlich für Menschen oder die Umwelt".

<u>**Die Links zu o.a. Artikel:**</u>

Seite 125
https://tkp.at/2024/06/16/hitze-und-saharastaub-in-griechenland-und-die-rolle-von-windparks/
Den ganzen Bericht hierzu lesen Sie auf Seite 088.

https://tkp.at/2024/07/02/studie-windraeder-machen-menschen-und-tiere-krank-und-schaden-der-umwelt
Den Link hierzu lesen Sie auf Seite 119.

Seite 126
https://tkp.at/?s=wind+deponie&orderby=relevance&order=DESC&post_type=post

https://www.sciencedirect.com/science/article/pii/S136403212101114X

Seite 127
https://duckduckgo.com/?q=study+wind+turbines+recycling&t=opera&ia=web

Windräder: technisch mangelhaft und gefährlich für Mensch und Tier

Zunächst war ein Teil eines Flügels der Windkraftanlage abgebrochen – später knickte die gesamte Anlage um und stürzte auf den abgeernteten Rapsschlag darunter. (Bildquelle: picture alliance/dpa | Jens Büttner)

Link hierzu:
https://tkp.at/2024/07/25/windraeder-technisch-mangelhaft-und-gefaehrlich-fuer-mensch-und-tier/

Autor: Dr. Peter F. Mayer

Weltweit nimmt die Zahl der Windräder drastisch zu. Sie sollen für die „Energiewende" sorgen um das Klima zu „schützen". Trotz massiver Förderungen mit Steuergeld, sind sie wirtschaftlich kaum konkurrenzfähig und Erzeuger und Betreiber greifen daher gerne zu technisch minderwertigen Lösungen.

Mit zunehmender Anzahl von Windrädern an Land (28677 Stück in Deutschland am 31.12.23 – Deutsche Windguard), die nahe an Siedlungen oder Verkehrswegen stehen, ist für die Menschen immer ersichtlicher, wenn spektakuläre Schäden auftreten.

Störfälle an Windturbinen sind häufig, jene an Wasserturbinen selten.
Dies hat uns veranlasst einmal zu prüfen, welche konstruktiven oder lokalen Unterschiede zwischen diesen Tubinentypen bestehen und mit welchen konstruktiven Maßnahmen jeweils Schäden vorgebeugt werden.

Man sollte eigentlich annehmen, dass Turbinen mit Flügelverstellung in der Nabe ähnlich konstruiert sind bzw. man bei der Konstruktion der jüngeren Windturbinen auf die Erfahrungen bei den Wasserturbinen zurückgegriffen hat, um die gleiche Betriebssicherheit zu erreichen.
Leider ist das nicht der Fall.

Das Kernproblem bei Windturbinen ist dieses:
Schlägt der Blitz ein, wird oftmals die elektronische Steuerung gestört, welche die hydraulischen oder elektrischen Stellmotoren steuern. Somit ist das Abstellen der Turbine nicht mehr möglich ist, da Steuerstrom und Steuermöglichkeiten ausgefallen sind.

Wasserturbinen sind ‚fail-safe‘, fehlersicher, Windturbinen nicht!

Text: In Brake-Süderfeld ist am Mittwochnachmittag dieses Windrad in Brand geraten.
Foto: Feuerwehr

In Brake-Süderfeld ist am Mittwochnachmittag dieses Windrad in Brand geraten.
Foto: Feuerwehr

Vernunftkraft erstellt regelmäßig eine **Liste mit Störfällen** (s.u., Stand 2.2.24) die nach Kategorien aufgeteilt sind, die Störfallart, Hersteller, Baujahr, Presse und Fernsehberichte umfasst, siehe hier die Kopfzeile der Statistik:

Datum	Ort/Windpark	Bundesland	Störfall	Störfallart					
				B	GRBA	TF	TA	KU	S
			Legende Störfallart: B = Brand, GRBA = Gondel/Rotorblatt Abwi						
			Störfallhäufigkeit	108	105	18	12	17	219
	Installierte WKA DE (Stand 2021/2022)	29.731	Gesamtanzahl aller Ereignisse: 479						
			Ereignisse 2024	5	0	0	0	0	0

Den Link hierzu finden Sie am Ende des Berichtes.

Besonders häufig traten seit 2000 folgende Störfälle auf:
- 108 Brände, davon 5 allein im Jahr 2024 (B)
- 105 Gondel- oder Rotorblattabwürfe (GRBA)
- 18 Turmfälle (TF)
- 12 Tödliche Arbeitsunfälle (TA)

133

- 17 Kranunfälle (KU)
- 219 Sonstige Vorfälle (S)

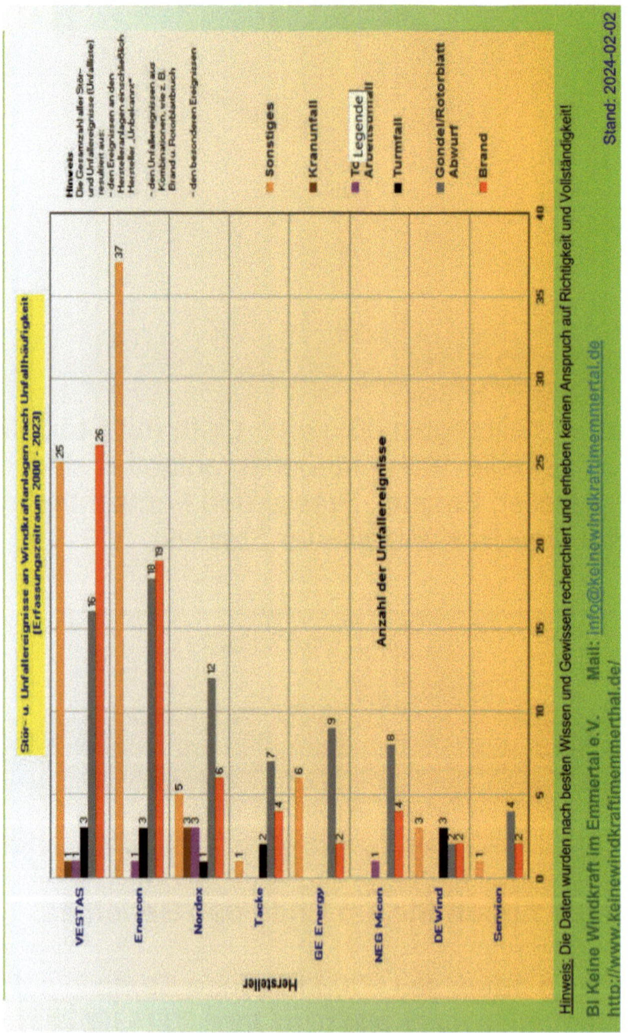

Möglicherweise könnte man Kran- oder Arbeitsunfälle durch bessere Schulungen vermeiden, aber Arbeiten in großer

Höhe sind grundsätzlich gefährlich und erlauben keine Fehler.

In diesem Artikel beschäftigen wir uns mit den technischen Fehlern und ihren Ursachen, auch im Vergleich zu anderen Installationen.

Vorfälle

Brände

Brände entstehen durch Blitzschlag, Auslaufen und Entzünden von Betriebsstoffen oder thermische Überhitzung an Bauteilen.

- Blitzschlag

Moderne Windturbinen sind sehr groß und die höchsten Erhebungen in der Umgebung. Sie sind alle geerdet und für moderate Blitzschläge ausgelegt, bei stärkerer Entladung nehmen sie Schaden, sei es durch Brand des Holzkerns der

Rotoren, des Schmier- und Steueröles oder durch Ausfall der Steuerelektronik mit Durchdrehen und Zusammenbruch des Rotors mit nachfolgendem Absturz der Gondel.

Ein **Beispiel für Schäden durch Ausfall der Steuerelektronik** zeigt nachfolgendes Video eines Vorfalls in Gnoien, bei dem zunächst der Blitz eingeschlagen hatte, dadurch die Steuerelektronik versagte, einige Tage später die Turbine rückwärts angeströmt erst durchdrehte und dann mitsamt dem Turm umfiel.

<u>Den Link hierzu finden Sie am Ende des Berichtes.</u>

- Auslaufen/Entzünden von Betriebsstoffen

Alle schnell drehenden Lager und Gleitflächen innerhalb von Turbinen und deren Getrieben werden ölgeschmiert; stockt der Ölfluss kann sich das Öl entzünden und Schäden verursachen. Große, langsam drehende Turbinen mit Getriebe, wie die Vestas V 172 mit 7,2 MW bringen beim Nennmoment 7,2 MNm eine Antriebskraft von 720 t auf die erste Stufe des Planetengetriebes bzw. bei 95% Getriebewirkungsgrad eine permanente Aufheizung von 0,05 x 7200 kW = 360 kW Reibleistung.
Ohne ausreichenden Ölfluss und dessen Kühlung ist ein Brand nur eine Frage der Zeit.

Hydraulische Verstelleinrichtungen für die Rotorblätter
werden mit Hydrauliköl aus der Gondel über ein Zentralrohr
versorgt, das in einem mit Gleitringdichtungen versehenen
Drehteil endet, welches sich mit der Nabe dreht und die
Verstellzylinder an jedem Rotorblatt mit 260 bar Drucköl
versorgt.
Die starken Vibrationen der Nabe verbunden mit dem hohen
Betriebsdruck verschleißen die Gleitringdichtungen, was zu
häufigen Ölaustritten, aber auch Bränden führt.
Bei Wasserturbinen dagegen beschränkt man sich wegen
der Dichtigkeits- und Verschleißprobleme in der Regel auf
einen Maximaldruck von 80 bar, was bei hohen
Betriebskräften recht große Zylinder erfordert. Jene von
Windrädern sind klein, die Undichtigkeitsprobleme aber
groß.

Rotorblattbrüche

Rotorblätter bestehen aus einem Verbund aus Stahl,
Balsaholz, GFK und Carbon. Sie werden handgefertigt und
sind im Aufbau nicht besonders homogen.
Dies begrenzt das Schwingvermögen und kann daher in
Extremfällen zu Überlastungen führen.

Turbinen, die für Schwachwind ausgelegt sind, halten
Starkwind naturgemäß schlechter für höhere
Windgeschwindigkeiten konzipiert zu werden. Hier sollte das
Risiko stärker berücksichtigt werden als das letzte Zehntel
Wirkungsgrad bei Schwachwind.

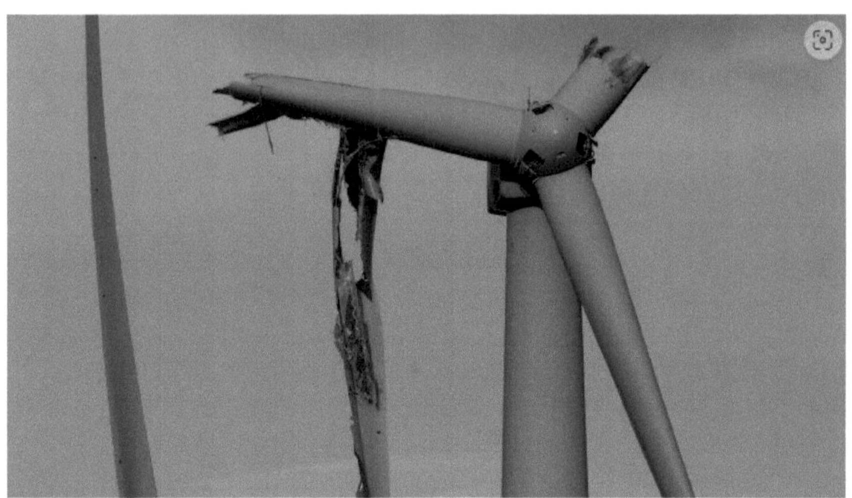

Bei zu starkem Wind kann es zum Bruch durch Überlast kommen und ‚fiese Fasern‘ aus dem Kohlefaserverbund freisetzen, bei Bränden wird es noch schlimmer, weshalb die Feuerwehr die Abfälle nur mit Schutzkleidung und Atemschutz einsammelt. Insbesondere die Teile mit Verstärkung durch scharfkantigen Glasfasern sind sehr gefährlich.

Turmfälle

Bricht ein Rotorblatt ab, wird die Unwucht an der Turbinenwelle meist so groß, dass die gesamte Turbine in Schwingung gerät und umfallen kann.
Es kommt zu Gondelabwürfen und Abbrüchen des Turmes. Neuerdings, bei großen Turbinen, kommt noch ein Phänomen hinzu: Rissbildung im Turm, vermutlich weil bei Großmaschinen die Eigenfrequenz des Turmes in der Nähe der Betriebsfrequenz liegt, was zu Resonanzerscheinungen führen kann.
Zurzeit sind 16 Türme von Max Bögl am Übergang von

unterem Beton- zum oberen Stahlteil betroffen, alles
Enercon E 138 EP 3 E2 Windturbinen im Windpark
Fehndorf-Lindloh.

Zunächst war ein Teil eines Flügels der Windkraftanlage abgebrochen – später knickte die gesamte Anlage um und stürzte auf den abgeernteten Rapsschlag darunter. (Bildquelle: picture alliance/dpa | Jens Büttner)

Bögl führt das auf eine falsch verarbeitete Dichtmasse
zurück, erneuert aber nicht nur diese, sondern fügt
zusätzlich Stützringe im Übergangsbereich ein.
Bleibt zu vermuten, dass bei Großturbinen die niedrige
Eigenfrequenz des Turmes selbst nicht zu vernachlässigen
ist und in der Statik die Resonanzanregung ausgeschlossen
werden muss, was bisher noch nicht geschieht.

Schutz und Abhilfemaßnahmen

Brände

Grundsätzlich sollten nicht nur automatische
Löschvorrichtungen in der Gondel vorgesehen werden,
sondern (und vor allem) bei Installation im Wald, zusätzlich

ausreichende, große Löschwasservorräte im Bereich der Absturzzone von Windradteilen.

Blitzschutz

Ausreichenden Blitzschutz vorsehen von der Flügelspitze bis herab zur Erdfahne; nach jedem Blitzschlag (laut Statistik **schlägt der Blitz 0,6 – 1 mal jährlich in jede Windturbine ein**) die gesamte Blitzschutzanlage auf Schäden untersuchen, ggf. reparieren und danach den Übergangswiderstand von der Turmspitze bis zur Erdfahne nachprüfen.

Ist der Widerstand zu hoch, ist die Blitzableitung an einer Stelle des Weges geschwächt oder zerstört und muss instandgesetzt werden.
Blitzschläge durch Überspannungsmessung im Turm detektieren, melden und danach sofort eine Inspektion durchführen.

Auslaufen und Entzünden von Betriebsstoffen

Das Auslaufen und Entzünden von Betriebsstoffen verhindert man am besten durch deren sparsamste Anwendung, weshalb hydraulische Verstelleinrichtungen und Getriebe möglichst vermieden werden sollten.
Sind sie nicht zu vermeiden, sollten an geeigneter Stelle Auffangwannen und automatische Löschvorrichtungen vorgesehen werden, die einen Brand ersticken, bevor er gefährlich werden kann.

Versagen der elektronischen Steuerung

Das Versagen der elektronischen Steuerung durch Blitzschlag oder Brände führt bei Windrädern immer zu

fatalen Schäden, weil keine Windturbine mit einem
fehlersicheren Abschaltsystem, wie bei Wasserturbinen,
ausgerüstet ist, die bei Ausfall der Steuerspannung immer
durch Feder-, Strömungs- oder Gewichtskraft in eine sichere
Ruhelage verbracht werden.
Es ist unverständlich, warum bei Windturbinen aus
Kostengründen auf

- ein Steuerkreuz verzichtet wird, das alle 3 Flügel
  zwangsweise synchronisiert wie bei Kaplan-Turbinen,

- einen zentralen Verstellkolben in der Nabe verzichtet
  wird, der bei Steuerungsausfall mittels Gewichts- oder
  Federkraft die Flügel in Neutralstellung zurückführt.

Windturbinen werden bisher immer aktiv mittels Hydraulik
oder elektrischem Stellmotor verfahren.
Fehlt die Hilfsenergie oder fällt die Steuerung aus, gehen sie
durch!

Fehlen von Hilfsenergie

Wasserturbinen sind in der Regel ‚schwarzstartfähig', das
heißt mit einer kleinen Batterie für die elektronische
Steuerung und einem Hydraulikspeicher können Sie das
Verschlussorgan öffnen und die Turbine ohne externe
Energieversorgung starten.

Große Windturbinen hingegen benötigen elektrische
Hilfsenergie um die Turbine per Elektromotor in den Wind zu
drehen und die Windradflügel elektrisch in Anfahrstellung zu
bringen. Noch wichtiger wird die Hilfsenergie beim Abstellen
wegen Starkwind oder Störfällen, da es wegen der hohen
Schwungmomente keine Betriebsbremse gibt.

Die Turbine kann nur anhalten mit Verstellung der Flügel in Neutralstellung, Austrudeln und endgültiges Stoppen der Turbine durch eine Haltebremse.
Um immer sichere Hilfsenergie zur Verfügung zu haben, sollte man zwe unabhängige Versorgungsleitungen oder eine Leitung und einen Notstromdiesel einsetzen.

Fehlersicherheit kostet viel Geld

Windräder sind oft gut zugänglich, aber an der Fehlersicherheit wird gespart, wirtschaftliche sowie Personenschäden werden scheinbar in Kauf genommen.
Jedes Wasserkraftwerk kann automatisch abschalten, selbst bei ausfallender Steuerung.
Das wäre auch bei der Windkraft möglich, kostet aber Geld, wie oben dargelegt.

Man sollte ernsthaft überlegen, ob man weiterhin Windräder ohne ausreichende Verstell-, Abschalt- und Brandsicherheit genehmigt. Auf alle Fälle sollten mindestens jährliche Inspektionen der gesamten Windkraftanlage vorgeschrieben werden, bei Blitzschlag sofort nach dem Vorfall.
Will man die bisherige Technik weiter zulassen, sollte man die Windräder zumindest im Gefahrenbereich ausreichend abschirmen, auch wenn das Touristen bei ihren Spaziergängen oder Bauern bei der Feldarbeit einschränkt. Zudem müssen die Zuwegungen immer für Schwertransporte und Großkräne offengehalten werden, um bei Störfällen frühzeitig einschreiten zu können.

Den Link zum Video finden Sie am Ende des Berichtes.

Die in diesem Artikel geäußerten Ansichten spiegeln nicht unbedingt die Ansichten der fixen Autoren von TKP wider.

Rechte und inhaltliche Verantwortung liegen beim Autor.

Die in diesem Artikel geäußerten Ansichten spiegeln nicht unbedingt die Ansichten der fixen Autoren von TKP wider. Rechte und inhaltliche Verantwortung liegen beim Autor.

DI Klaus Richard ist Energietechniker mit jahrzehntelanger Erfahrung.
DI Dr. Martin J.F. Steiner ist Experte für Energieautarkie und Coach.

<u>Die Links zu diesem Bericht:</u>
Seite 132:
https://www.keinewindkraftimmemmerthal.de/images/ Windkraft/Unfallliste_immer_aktuell.pdf,

Seite 135:
https://www.ardmediathek.de/video/nordmagazin/ beschaedigter-fluegel-windrad-bei-gnoien-im-sturm- umgeknickt/ndr/ Y3JpZDovL25kci5kZS8wZGFmZmIyMi03ZmU5LTQzOGUtY jcyOC1jZTdkNWJiNDQxMjg

Seite 141
https://www.youtube.com/watch?v=XRhgPIIxT0U&t=10s

Windkraftwerke als Todesfallen: „Fiese Fasern" und Kontaminationsrisiken

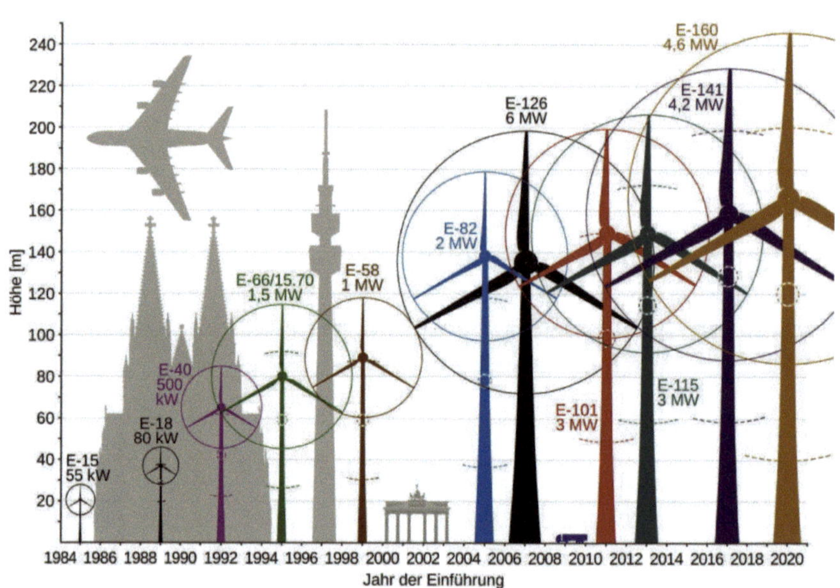

Link hierzu:
https://tkp.at/2024/08/09/windkraftwerke-als-todesfallen-fiese-fasern-und-kontaminationsrisiken/

Autor: Assoc. Prof. Dr. Stephan Sander-Faes

**Trotz der krebserregenden „fiesen Fasern", die in etwa so „nett" sind wie Asbest, schweigen die Medien meist, „Experten" leugnen jegliche Probleme, denn die „grüne Wende™" bietet jede Menge perverser Anreize.
Über eine bis anhin nicht ansatzweise bewusst gewordene Gefahr für Mensch, Tier und Umwelt in zwei Teilen.**

144

Wir haben viele Bedenken und Proteste gegen Windmühlen gehört, die von emotionalen Plädoyers (sie töten Tiere) bis hin zu Naturschutzgedanken (ihr Bau ist lächerlich teuer) und von ökologischen Bedenken (man denke nur an all die Energie und die Rohstoffe, die für ihren Bau benötigt werden) bis hin zu ihrer fragwürdigen „Nachhaltigkeit" (was passiert mit ihnen, wenn der Wind nicht weht sowie – was geschieht nach Ablauf von deren „Lebensdauer"?) reichen.

Auf keine dieser Fragen gibt es wirklich gute Antworten, und wir könnten noch einige weitere hinzufügen, z. B. dass die Rotorblätter aus der halben Welt kommen, dass sie die Aussicht verderben und dass die Unterbrechung ihres Betriebs massive zusätzliche Infrastrukturinvestitionen in das Netz, in Transformatoren und dergleichen erfordert.

Davon abgesehen brummen und vibrieren sie, was zumindest bei einigen Menschen, die in direkter Nachbarschaft zu Windkraftwerken (sic) leben, zu massiven Gesundheits- und anderen Problemen führt, wie etwa dieser Weblog mit dem Titel **„Diary of a Windfarm Neighbour"** (etwa: Tagebuch eines Windkraftwerk-Nachbarn) aus Australien zeigt.

Den Link hierzu finden Sie am Ende des Berichtes.

In Folge geht es zunächst um Fragen der Unfall- und v.a. Brandsicherheit von Windturbinen; in einem zweiten Teil finden Sie, darauf aufbauend, Auszüge aus einem Gutachten, dass Rechtsanwalt Thomas Mock zuhanden des Niedersächsischen Landtages verfasst hat.
Die Hervorhebungen in allen Zitaten stammen von mir.

„Die unterschätzte Gefahr der Rotorblätter“

So lauten Titel und Tenor des von Dagmar Jestrzemski am 20. Dez. 2022 in der *Preußischen Allgemeinen Zeitung* veröffentlichten **Berichts** über Feuerschäden bei Windturbinen. Wiewohl Ihnen dessen Lektüre in jedem Fall ans Herz gelegt sei, so erlaube ich mir hier die Reproduktion einiger essentieller Passagen, die unter Verweis auf einen Turbinenbrand im Windpark Alfstedt im niedersächsischen Kreis Rotenburg/Wümme am 15. Sept. 2022 eingeleitet wird:

> *Der Flügel eines Windradrotors [ist] abgeknickt.*
> *Nach 14 Tagen brach er komplett ab…*
> *Aus der großen Bruchstelle rieseln seitdem scharfkantige größere und kleine Teilchen auf die umliegenden Agrarflächen herab…*
> ***Bei der Beschädigung des Rotorblatts könnten*** *neben scharfkantigen größeren Bruchstücken* ***auch feinste, lungengängige Faserstäube von Carbonfasern freigesetzt worden sein,*** *sogenannte Fiese Fasern,* ***die über Haut und Lunge in den Organismus von Menschen und Tieren eindringen*** *können.*

„Fiese Fasern" sind, wie ihr Name bereits andeutet, eine Gefahr für Leib und Leben. Damit sind eine Reihe von Verbundwerkstoffen aus Glasfasern, Balsaholz, Stahlelementen und Kohlenstofffasern (CFK) gemeint, die mit Epoxidharzen verklebt werden (letztes mag Ihnen ggf. aus Ihrer Garage vertraut sein, denn mit derartigen Epoxidharzen werden Betonflächen üblicherweise wasserdicht gemacht).

In den aktuellen Windturbinen werden mittlerweile

zunehmend mit **Kohlenstofffasern verstärkte Kunststoffe oder „CFK"** eingesetzt, da diese ähnlich stabil (sic), aber eben auch leichter sind. Handelsüblich eingesetzt findet man diese etwa bei hochpreisigen Fahrrädern, in der Groß- bzw. Rüstungsindustrie werden diese u.a. für (Kampf-) Flugzeuge (im Airbus A-380 befinden sich z.B. rund 58 Tonnen – oder etwa 22% von dessen Gesamtgewicht – derartige „fiese Fasern", wie der Merkur damals **berichtete**), Eisenbahnen, in Autos, aber auch für Rollstühle, Eiskocheyschläger u.v.m. eingesetzt.

<u>**Die Links hierzu finden Sie am Ende des Berichtes.**</u>

Ungeachtet einiger Vorteile (Gewichsreduktion bei ähnlicher Belastbarkeit wie Stahl), enthalten diese CFK eine Reihe gefährlicher Chemikalien, u.a. **Bisphenol-A,** das aufgrund seiner hohen Toxizität, den Hormonhaushalt verändernden und krebserrengenden Eigenschaften schon länger als problematisch angesehen wird.
Die European Chemicals Agency) hat Bisphenol A 2017 als **„besonders besorgniserregenden Stoff"** eingestuft.

<u>**Den Link hierzu finden Sie am Ende des Berichtes.**</u>

Im Brandfall jedoch werden bei Temperaturen über 650 Grad Celsius mit der Asche des **CFK-Kunststoffs lungengängige** [das sind die erwähnten „fiesen", Anm.] **Fasern freigesetzt,** deren Wirkung die Weltgesundheitsorganisation (WHO) als **ähnlich krebserregend wie Asbest** einschätzt. Da brennende Windkraftanlagen wegen ihrer großen Höhe nicht löschbar sind, kommt es zu **nicht beherrschbaren Emissionen von „Fiesen Fasern",** wobei die Wetterlage

Richtung und Ausbreitung der hochgefährlichen Stäube bestimmt.
2014 warnte das Bundesamt für Infrastruktur, Umweltschutz und Dienstleistung der Bundeswehr vor lungengängigen Carbonfaserpartikeln nach Bränden.

Turbinenbrände verseuchen Luft, Land, und Leute

Nun muss zudem bedacht werden, dass diese „fiesen Fasern" bei Bränden – wie etwa dem hier in Folge verlinkten Brand im US-Bundesstaat Texas, der 2022 erfolgte – je nach Wind- und Wetterlage mehr oder minder große Flächen mit eben jenen, Asbest-ähnlichen Partikeln verseucht werden. Oftmals befinden sich Windturbinen inmitten von Ackerflächen, zuletzt auch zunehmend in sog. „Offshore-Windparks" auf offener See, wodurch diese „fiesen Fasern" auch zunehmend in maritime Ökosysteme gelangen.

<u>Den Link zum Video finden Sie am Ende des Berichtes.</u>

Damit jedoch nicht genug, denn auch wenn eine Windturbine „normal" und „ohne Probleme" läuft, so kommt sie eines Tages an das Ende ihrer Lebensdauer.
An diesem Punkt wird es Sie kaum verwundern zu erfahren, dass die Rotorblätter – wie auch etwa mit Asbest kontaminierte Dachziegel aus den 1970er Jahren – nicht wiederverwertbar sind.

Für das **Recycling** der stetig zunehmenden Menge abgebauter Rotorblätter ist bisher trotz teurer Forschungen **keine Lösung im industriellen Maßstab in Sicht…Verbundstoffe**
148

mit Kohlefasern sind wesentlich problematischer. Sie zerfallen bei der Verbrennung erst bei weitaus höheren Temperaturen als denen, die in einer Müllverbrennungsanlage herrschen. Auch sind sie **nicht recycelbar**. Weltweit werden die **Rotorflügel ausgedienter WKA überwiegend in Deponien vergraben**…

Mit jedem Rotorblatt gelangen rund 29 Tonnen Kunststoff in den Boden.

„Abrieb im Normalbetrieb"

Die vermeintlich größte Gefahr für den Alltag entsteht jedoch aus dem bereits mehrfach angedeuteten „Normalbetrieb". Hierbei ist insbesondere der unvermeidbare Abrieb durch Reibungsverluste (Rotorblatt vs. v.a. Wind) gemeint.

Unter Verweis auf „Studien aus den Niederlanden" verweist Dagmar Jestrzemski zumindest in dem letzten Absatz ihres Berichts auf dieses bis dahin kaum diskutierte Gesundheitsrisiko.
Alleine durch die „normale" Nutzung von Windkraftanlagen gelangen „durch Verschleiß jährlich Dutzende Kilogramm Mikroplastik als Splitter und Feinstäube Hunderte Meter hoch in die Atmosphäre".

In teilweise großer Entfernung sinken diese hernach auf den Boden oder in die Meere und gelangen auf diese Weise in den Wasser- und Nahrungsmittelkreislauf.

Windkraftwerke als Gesundheitsrisiko

„Fiese Fasern" sind ein ernsthaftes Gesundheitsrisiko. Das kann man sogar (!) in der deutschen Wikipedia nachlesen (der Lesbarkeit halber habe ich die Referenzen entfernt):

Die mechanische Bearbeitung von CFK, insbesondere die spanabhebende (sägen, fräsen, bohren, schleifen etc.), **erzeugt Kohlenstofffaserpartikel, die krebserzeugend wirken können**.

„Mit dem steigenden Einsatz von CFK ist die Zunahme von Klebverbindungen zur Gewährleistung fasergerechten Fügens eng verknüpft. Allerdings bedarf es stellenweise spanabtragender Verfahren, um klebbare Flächen herzustellen. Die dabei entstehenden Kohlenstofffaserpartikel gelten als potenziell krebserregend, sodass die Notwendigkeit entsprechender Arbeitssicherheitsvorkehrungen entsteht."

Laut **Experten der Bundeswehr sollen durch einen Brand von CFK Fasern freigesetzt werden, die eine Wirkung vergleichbar mit Asbest** haben könnten. Eine **Gefahr bestünde hier vor allen Dingen für Helfer an Unfallorten**, wie etwa Feuerwehrleute oder Polizisten.

Einen Umkreis von ca. 300 Metern um einen Unfall mit brennendem CFK nennt ein Experte als Richtwert.
150

Ich füge die Quelle für den letzten obigen Satz hinzu: Norbert Simmet, „**Fiese Fasern-Gefahr für Rettungskräfte„,**, der am 13. Dez. 2010 (!) im *Merkur* erschien.

<u>Den Link hierzu finden Sie am Ende dieses Berichtes.</u>

Der Umwelt-Watchblog.de **verweist** zudem auf Prof. Sebastian Eibl vom Wehrwissenschaftlichen Institut in Erding und berichtet im Januar 2023 folgendes:

<u>Den Link hierzu finden Sie am Ende dieses Berichtes.</u>

> Da die Maschinengondeln der **Windkraftanlagen im Brandfall in 160 m Höhe nicht gelöscht werden können, beschränken sich die Feuerwehren notgedrungen darauf, den Gefahrenbereich je nach Windrichtung und Ausbreitung mit Flatterband großräumig abzusperren** und hoffen, dass die herumfliegenden brennenden Teile keine Sekundärbrände am Boden auslösen.

> Bisher unbeachtet bei Feuerwehr und Polizei bleibt die Tatsache, dass die Fasern („fiese Fasern" genannt) ein Gesundheitsproblem darstellen, die **Ganzkörperschutz bei**

> **Löscharbeiten vor Ort notwendig** machen.

Damit sind Ganzkörperanzüge (FFP3-Masken inkl.) sowie jede Menge Vorsicht geboten, wobei es im Moment noch nicht einmal belastbare Datenerhebungen über die Anzahl von in Brand geratenen Windkraftanlagen gibt, wie

Hansjörg Jung unter dem o.a. Link im Umwelt-Watchblog
ausführt:

> **Offizielle Statistiken über in Brand geratene
> WKAs gibt es nicht**; die Anzahl der mittlerweile
> havarierten WKAs wird von den Behörden in
> Bund, Ländern und der Windkraft-Lobby bewusst
> verschwiegen, **um die Bevölkerung angesichts
> der bei Bränden entstehenden und durch
> niedergehende hochgiftige Fasern
> verursachte Gesundheitsrisiken nicht zu
> beunruhigen. In inoffiziellen Statistiken
> werden ca. 30 bis 40 Windkraftbrände pro Jahr
> genannt**; wegen fehlender behördlicher
> Statistiken dürfte die Dunkelziffer jedoch höher
> sein.
> **Aufgrund der jetzt begonnenen Forcierung
> des Windkraftausbaus ist zu vermuten, dass
> die infolge WKA-Havarien entstehenden
> Brände und die dabei durch freigesetzte
> toxische und hochgiftige Fasern verursachten
> Gesundheitsrisiken im Wirkungskreis der
> Anlagen bundes- und landesweit deutlich
> zunehmen.**

Und da diese kohlenstofffaserverstärkten Kunststoffe auch
für Flugzeuge – man denke auch an Kampfjets und anderes
„Kriegsmaterial", das dieser Tage u.a. in der Ukraine
massenweise „kampfuntauglich" wird –, Hubschrauber, Züge
und Straßenbahnen sowie möglicherweise für Autos
verwendet werden, ist das Gefahrenpotenzial entsprechend
groß.
Man bedenke, was passiert, **wenn es einen Unfall mit
Militärgerät gibt…**

Den Link hierzu finden Sie am Ende dieses Berichtes.

Abschließend ein weiterer Hinweis von Prof. Eibl aus Erding (folgen Sie dem vorgängigen Link):

Eine abschließende Bewertung der toxikologischen Wirkung von Kohlenstofffasern steht noch aus. Es fehlen im Vergleich zur Asbestproblematik entsprechende Langzeiterfahrungen. **Grundsätzlich ergeben sich jedoch Ähnlichkeiten mit Asbest.** Das Material der Kohlenstofffaser ist ebenfalls chemisch nicht reaktiv.
Die **gesundheitsschädliche Wirkung erfolgt damit primär aufgrund der kritischen Fasergeometrie. Ein Abbau des Materials in den Alveolen der Lunge ist zusätzlich erschwert, da Makrophagen nicht in der Lage sind, diese Faserbruchstücke v.a. aufgrund ihrer Länge zu umschließen, und dabei absterben.** Sehr wahrscheinlich verbleiben damit eingeatmete Faserstäube sehr lange im menschlichen Lungengewebe.
Gegenwärtig werden aufgrund dieser Unsicherheit verstärkt Forschungsarbeiten z.B. an der Bundesanstalt für Arbeitsschutz und Arbeitsmedizin (BAuA) in Deutschland durchgeführt.

Nach den technischen Regeln für Gefahrstoffe, Abbruch-, Sanierungs- und Instandhaltungsarbeiten mit alter Mineralwolle (TRGS 521) bzw. dem „Risikobezogenen Maßnahmenkonzept für Tätigkeiten mit krebserzeugenden Gefahrstoffen" (TRGS 910)

153

sind bei den ermittelten Faserkonzentrationen diverse Schutzmaßnahmen zu ergreifen, damit die **Exposition gegenüber kritischen Faserstäuben vermieden** wird. Dazu zählt das Tragen einer persönlichen **Schutzausrüstung mit Feinstaubmaske (FFP3), Augenschutz, Handschuhen und Einwegschutzanzug. Eine Faserfreisetzung beim Umgang mit abgebranntem CFK-Material ist zu vermeiden. Zu entsorgendes Material sollte staubdicht in Kunststofffolien/-beuteln verpackt werden.**

Betroffenes Personal ist zu unterweisen und arbeitsmedizinisch zu untersuchen.

Perverse Anreize und „Nachhaltigkeit"

Nach der einfachen Formel „Zeig mir den Anreiz, und ich erkläre dir das Ergebnis" können wir auch sehen, warum es eine Kultur des Schweigens über diese Probleme gibt:
Es handelt sich um einen massiven Betrug, der von der so genannten „grünen Wende™" von Wirtschaft und Gesellschaft bezahlt wird.
Mit Kohlenstofffasern verstärkte Kunststoffe sind seit rund 50 Jahren in Verwendung, wie Jin Zhang et al. in der Studie **„Past, present and future prospective of global carbon fibre composite developments and applications"** (*Composites Part B: Engineering* Bd. 250, 1 Feb. 2023, 110463; hinter einer Bezahlschranke) anführen:

<u>Den Link hierzu finden Sie am Ende des Berichtes.</u>

Die **Nachfrage nach Kohlenstofffasern für Windturbinenblätter** entwickelt sich mit einer für
154

den Zeitraum **2020-2025 prognostizierten jährlichen Wachstumsrate von mehr als 20%** in einem noch nie dagewesenen Maße.

In anderen Sektoren wie der Automobilindustrie und dem Bauwesen war der Einfluss der Pandemie unbedeutend, und es wurde eine ähnliche Wachstumsrate für Kohlefaserverbundwerkstoffe wie vor 2019 beibehalten...

Zunehmend strengere globale Kohlendioxid (CO2)-Emissionsnormen und die aktuellen Gesetze zur Kohlenstoffneutralität würden sich tiefgreifend auf die Kohlefaserverbundstoffindustrie auswirken...

Der **Verbrauch von Kohlenstofffasern im Windturbinenbau ist von rund 800 t im Jahr 2004 auf über 30 kt im Jahr 2021 gestiegen**, was einem 36-fachen Wachstum seit Beginn der Nutzung von Kohlenstofffasern entspricht.

In den kommenden Jahren wird es ein stetiges und starkes Wachstum geben, z.B. wird der geschätzte **Bedarf an Kohlenstofffasern im Jahr 2025 allein in der Windturbinenindustrie 81 kt übersteigen**...

Die derzeit **weltweit führenden Windenergie-unternehmen** sind das dänische Unternehmen **Vestas Wind Systems**, das spanische Unternehmen **Siemens Gamesa Renewable Energy**, das Unternehmen **LM Wind Power von GE** [General Electric, Anm.] und die deutsche **Nordex SE**.

155

Gesundheitsrisiken spielen übrigens keine Rolle in der Studie für Zhang et al. Hier finden Sie noch eine **Pressemitteilung** für den Zeitraum von 2021-25 der JEC Group. Wie Dagmar Jestrzemski Ende 2022 auswies, wurden in Europa „jährlich etwa 1,141 Millionen Tonnen Verbundmaterial produziert. Den größten Teil daran hat Deutschland mit 225.000 Tonnen", was wiederum z.T. zu erklären vermag, wieso die Berliner Regierung bzw. die EU-Kommission so großes Interesse an „Windenergie" haben.

Den Link hierzu finden Sie am Ende des Berichtes.

In einem zweiten Teil wenden wir uns hernach dem Gutachten von RA Thomas Mock für den Niedersächsischen Landtag zu. Von Jahobr – CC0,

Den Link hierzu finden Sie am Ende des Berichtes.

Hier die Links aus diesem Bericht:

Seite 132:
https://www.keinewindkraftimemmerthal.de/images/Windkraft/Unfallliste_immer_aktuell.pdf,
Seite 135:
https://www.ardmediathek.de/video/nordmagazin/beschaedigter-fluegel-windrad-bei-gnoien-im-sturm-umgeknickt/ndr/Y3JpZDovL25kci5kZS8wZGFmZmIyMi03ZmU5LTQzOGUtYjcyOC1jZTdkNWJiNDQxMjg

Seite 141
https://www.youtube.com/watch?v=XRhgPIIxT0U&t=10s

Seite 144
https://www.facebook.com/people/Diary-of-a-Wind-Farm-Neighbour/100076188588061/

Seite 146
https://de.wikipedia.org/wiki/Kohlenstofffaserverst
%C3%A4rkter_Kunststoff

https://www.merkur.de/lokales/erding/erding-ort28651/fiese-
fasern-gefahr-rettungskraefte-1045741.html

https://de.wikipedia.org/wiki/Bisphenol_A

Seite 147:
https://www.youtube.com/watch?v=PHCaaSMPBnc

Seite 150
https://www.merkur.de/lokales/erding/erding-ort28651/fiese-
fasern-gefahr-rettungskraefte-1045741.html

https://umwelt-watchblog.de/fiese-fasern-die-unterschaetzte-
gefahr-in-windkraftrotorblaettern/

Seite 152
https://www.universimed.com/ch/article/pneumologie/
gesundheitsgefaehrdung-durch-lungengaengige-
kohlenstofffasern-beim-abbrand-von-carbonkunststoffen-
2098532

Seite 153
https://www.sciencedirect.com/science/article/abs/pii/
S1359836822008368

Seite 155
https://www.jeccomposites.com/wp-content/uploads/
2022/03/V1_14588_DP-Digital-JEC-
_VERSION_COMPOSITE_2022_02_24.pdf

https://commons.wikimedia.org/w/index.php?
curid=44444943, via Wikimedia Commons

Windkraft und „fiese Fasern": Fakten von RA Thomas Mock

Link hierzu:
https://tkp.at/2024/08/15/windkraft-und-fiese-fasern-fakten-von-ra-thomas-mock/

Autor: Assoc.Prof. Dr. Stephan Sander-Faes

Letzte Woche haben wir an dieser Stelle über potenzielle Gesundheitsrisiken durch Windkraftwerke gesprochen (TKP hat berichtet). An dieser Stelle geht es nun um behördlich bekannte Unterlagen, die Rechtsanwalt Thomas Mock im vergangenen Jahr dem Niedersächsischen Landtag in Form eines Expertengutachtes vorgelegt hat. Teil zwei über bis dato kaum ansatzweise bewusste Gefahren der „Grünen Wende" für Mensch, Tier und Umwelt.

Heute tauchen wir noch einmal tiefer in dieses Thema ein und werfen einen Blick auf ein Gutachten, das dem nordrhein-westfälischen Landtag vorgelegt wurde.
Der Autor dieses Gutachtens ist Rechtsanwalt Thomas Mock, es datiert vom 2. März 2023 und wurde im Auftrag der **Gesellschaft für Fortschritt in Freiheit e.V.** erstellt, einer selbsternannten „freiheitlichen" Denkfabrik.

Die Links hierzu finden Sie am Ende des Berichtes.

Die **Quelle finden Sie hier,** die folgenden Auszüge (S. 44-54) wurden von mir mit Hervorhebungen versehen.

Den Link hierzu finden Sie am Ende des Berichtes

Mir liegt die PDF-Datei komplett vor. Bei Interesse sende ich sie Ihnen gerne zu.
Schreiben Sie mir unter: traude-schubert@gmx.de

Zu Mikropartikelerosionen durch Windrotoren

Auch die wachsenden Gefahren durch Mikropartikel durch Abrieb an den Rotoren rechtfertigt die Beibehaltung des 1000m Abstandes.

Es versteht sich angesichts der gesundheitlichen Gefahren, die generell von Mikropartikeln ausgehen, dass sie auch durch Mikropartikel von Windrotoren ausgehen, dass sowohl Anwohner in Eigentum und Gesundheit betroffen sind, wie auch Gebiete, in denen Nahrungsmittel angebaut werden und über jahrzehntelangen Betrieb eine signifikante kontinuierlich zunehmende Kontamination durch diverse Mikropartikel eintritt.
Der Betrieb von Windanlagen aufgrund des natürlichen und unvermeidlichen Abriebs/Erosion/Delamination von toxischen Mikropartikeln von Rotoroberflächen, egal mit welchem Oberflächenschutz versehen, insbesondere an den Rotorwülsten die Wind und Wetter am stärksten ausgesetzt sind, kann einer Genehmigung entgegen stehen, da **die Gefahr von signifikanten Gesundheitsschäden durch solche durchaus toxischen und schädlichen Partikeleinträge unverhältnismäßig und unzumutbar** ist,

Art 2, 20 a GG und **einen landwirtschaftlichen Betrieb in seiner Existenz gefährden** kann, Art 14 GG.
Dabei ist angesichts der großen Flächen heutiger Rotoren und eines üblichen durchschnittlichen aber unvermeidlichen Abriebs von Mikropartikeln in allen Größen und der Lebenszeit von Rotoren bereits von einer signifikanten Menge an Mikropartikeln

auszugehen, die aufgrund ihrer Winzigkeit auch dann schon in die Hunderttausende wenn nicht Millionen Partikel reichen.
Standorte in Anbaugebieten für Lebensmittel bzw landwirtschaftlich genutzte Flächen scheiden mithin per se aus…

Für Menschen gesundheitsschädliche Mikropartikelerosion entstehen durch signifikante Erosion der Oberflächen der heute großflächigeren Rotorblätter und vorderen Rotorblattwülste und über die 20-25 Betriebs-Jahre zunehmende Kontamination der Böden und des Oberflächenwassers wie Grundwassers mit, wegen der verwendeten Materialien Carbon/GFK/CFK ,toxischen Eigenschaften incl. des als lebensgefährlich eingestuften Bisphenol-A (gemäss UBA) zum gesundheitlichen Nachteilen von Anwohnern, insbesondere der Mikro-Fasern, die gem. UBA Krebs sogar auslösen können.
Fatal ist zudem, dass solche **Partikel und Fasern, die weniger als 2 Millimeter messen, was bei der feinteiligen Erosion überwiegend der Fall ist bzw unterstellt werden kann, denn warum sollen durch Erosion kleine Partikel NICHT entstehen, die wie in nachfolgender verlinkter Untersuchung an Mäusen und menschlichen Zellkulturen gezeigt wurde, die schützende Blut-Hirn-Schranke überwinden und ins Gehirn vordringen können**.

Dort lagern sie sich offenbar in bestimmten Nervenzellen ab, den Mikroglia, beeinflussen die Immunabwehr und führen zu lebensgefährlichen Entzündungen. Das alles ist Stand der Wissenschaft.

Hier finden Sie den Hinweis auf den „Stand der Wissenschaft": „**Potential utilization of dairy industries by-products and wastes through microbial processes: A critical review**" in *Science of The Total Environment* 810, 1. März 2022, 15225

<u>Den Link hierzu finden Sie am Ende des Berichtes.</u>

Heute üblich gewordene Rotoren mit ca. 80 m Länge haben eine Gesamtoberfläche von 250 bis 350 qm. Eine Windanlage mit drei solcher Rotoren hat mithin eine Gesamtoberfläche von bis ca. 1.000 qm.

Das ist ein signifikanter Sprung in der Rotorenoberfläche gegenüber früheren Anlagengenerationen.

Aufgrund der Umwelteinflüsse wie UV-Strahlung, Wind, Temperaturwechsel (insbesondere im Winterhalbjahr), Blitzeinschläge und großflächigen Insektenverklebungen an der Oberfläche im Sommer sind Rotorblätter von Windkraftanlagen anfällig für Erosion.
Eine solche Erosion **konkretisiert sich durch mehr oder weniger kontinuierliche Abnutzungen und Rissbildungen und ähnliche Verschleißerscheinungen an den Oberflächen.**
Diese erhöhen sich je höher heute Windanlagen errichtet werden. Denn das dort oben aggressivere Wetter und die in den Höhen sehr viel stärkeren Winde erzeugen nicht nur in der 3. Potenz höhere Stromerträge sondern im entsprechenden Verhältnis auch durch die dort herrschenden aggressiveren Winde (die ja durch die Anlagen-Höhe gesucht werden) auch höheren Verschleiß der Oberflächen.
Hierdurch verschlechtern sich u.a. die aerodynamischen Eigenschaften der Flügel. Aus diesem Grund müssen die

Rotoren regelmäßig gewartet, repariert und ggfls. ausgetauscht werden.

Das Material der Rotoren Carbon/GFK/CFK

Die in den Oberflächen heute üblicher Rotorblätter verwendeten Materialien **Carbon/GFK/CFK sind synthetisch hergestellte Substanzen**, die in der Natur nicht vorkommen. Sie zeichnen sich dadurch aus, dass sie gleichzeitig **wasserabweisend (hydrophob), fettabweisend (lipophob) und schmutzabweisend** wirken.

Aufgrund dieser besonderen Eigenschaften werden sie in vielen Industriebereichen eingesetzt.
Verwendung finden sie etwa im Flugzeug- oder Pkw-Bereich zwecks Gewichtsreduktion im militärischen Bereich und in der Windindustrie.
Aufgrund ihrer hohen Stabilität werden die chemischen Verbindungen von Carbon/GFK/CFK durch die in der Umwelt üblichen Abbauprozesse praktisch nicht zerstört.
Dementsprechend lassen sie sich auch dem Abwasser durch die in Kläranlagen gängigen Abbauverfahren, die im Wesentlichen auf dem Einsatz von Mikroorganismen beruhen, nicht entziehen…

Carbon/GFK/CFK sind für Menschen und Tiere toxisch und stehen im Verdacht, in hohen Dosen fortpflanzungsgefährdend und krebserregend zu sein (u.a. Bisphenol-A) **und werden mit Asbest gleichgesetzt** (UBA 2020). Ihre unmittelbare Wirkung im Körper ist noch wenig untersucht.
Allerdings ist die **Erregung von Krebs wohl unstreitig**. Es herrscht natürlich Forschungsbedarf, wie bei allen solchen Stoffen.

Allerdings erfolgt insbesondere bei militärischen Unfällen (Absturz von Fluggeräten mit Material-Anteilen von Carbon/GFK/CFK) **die Beseitigung der mit Carbon/GFK/CFK belasteten Rückstände stets mit erheblichem Aufwand und nur unter Verwendung kompletter GanzkörperSchutzanzügen** (PSA) **für das eingesetzte Fachpersonal und durch Beseitigung/Austausch der Erdoberfläche** auf und in der sich Reste des Materials befinden oder befinden könnten) Ebenso reichen die Kenntnisse um gegenüber diesen Stoffen ein Deponieverbot festzulegen (§ 6 DepotG)…

Es ist geradezu absurd, dass hingegen die Menschen in deren Nähe solche Windanlagen errichtet und über Jahrzehnte solchen gefährlichen Emissionen durch solche Partikel in signifikantem Umfang ausgesetzt werden dies ungeschützt tun müssen bzw. den gefährlichen Folgen dieser Stoffe ungeschützt ausgesetzt, darüber **unwissend gehalten werden** und die zuständigen Behörden nicht einmal eine Prognose oder Untersuchungen oder Monitoring zum Schutz der Anwohner einfordern, selbst wenn die Anlage nur wenige hundert Meter zu Wohnhäusern errichtet werden soll oder sogar unmittelbar neben Flächen zum Anbau von Lebensmitteln.

Die Sicht der Windindustrie

Das Fraunhofer Institut für Windenergie und Energiesystem-technik (IWES) entwickelt derzeit ein Testverfahren, mittels dessen die Beständigkeit verschiedener Beschichtungsmethoden evaluiert werden kann.

<u>Die Links hierzu finden Sie am Ende des Berichtes.</u>

Doch das ist Forschung und berührt heute in Betrieb befindliche Anlagen nicht.

Denn **selbst härtere Oberschichtenlacke und sonstige Schutzmechanismen können den Verschleiß nur verzögern oder vermindern, verursachen zudem selbst Mikropartikel. Aufhalten können sie ihn aufgrund der aggressiven Höhenwinde und des dort herrschenden Windes und Wetters nicht**, erst recht nicht im Hinblick auf die übliche Lebenszeit der Rotoren von 20 bis 25 Jahren, soweit die Rotoren aufgrund des Verschleiß überhaupt eine solche Lebensspanne erreichen und nicht zwischendurch wegen übermäßigen Verschleiß ausgetauscht werden müssen…

Als bislang offene Frage wird definiert, welcher Mechanismus im Detail zur Schädigung und zum Materialabtrag an Rotorblättern führt.

Unstreitig ist allerdings die Erosion als solche und die Folgewirkungen der Erosion zum Nachteil der Umwelt.

Deshalb teilen die Hersteller die Daten nicht mit und gefährden dadurch die Umwelt und Gesundheit der Anwohner.

Zugleich zeigen neue Forschungen die ganze Dramatik der Erosionen und Erosionsprozesse.

Neue Energie schreibt dazu (meine Hervorhebung):

> „Erst kürzlich veröffentlichten Wissenschaftler der technischen Universität von Dänemark (DTU) eine Studie im Fachblatt „energies", in der Sie das Erosionsrisiko von 15 Megawatt-Anlagen entlang der deutsch-dänischen Küste auf der Basis detaillierter Wetterdaten abgeschätzt haben.

Ihr Ergebnis: **Entlang der Nordseeküste halten
die Vorderkanten der Rotorblätter etwa
anderthalb bis drei Jahre der Belastung durch
Regentropfen stand.**

**Im Ostseeraum kann sich die Haltbarkeit auf
etwa vier Jahre verlängern."**

Die gesamte Studie findet sich: *Energies* 2021,14,5974, **„A
Comprehensive Analysis…"**, veröffentlicht am 20. Sept.
2021.

Weiterführende Hinweise ergeben sich auch aus Norwegen,
via der Studie **„Leading edge erosion of wind turbine
blades: Understanding, prevention and protection„**, die
in Renewable Energy 169 (2021) erschien.

<u>Die Links hierzu finden Sie am Ende des Berichtes.</u>

Die zuvor vorgestellten Untersuchungen haben dazu die
**Mengen pro Jahr abgeschätzt die von den Oberflächen
verloren gehen.**
**Sie erreichen pro Rotorblatt schon nach wenigen Jahren
über 100 Kilogramm, was konkret Millionen von
Mikropartikel zur Folge haben kann.**

 Bei drei Rotoren erhöhen sich diese Werte dementsprechend und bei mehreren Anlagen nochmals.
Diese Mikropartikel werden durch den Wind im Umkreis von
bis zu 1000m verteilt, da sie nur bei Wind und seinen Folgen
vom Rotor abgelöst werden, und kontaminieren so den
Boden kontinuierlich und additiv.

Damit sind auch **Prognosen über die zu erwartenden
Mikropartikelemissionen über die Lebenszeit der**

Rotoren möglich, da grundsätzlich innerhalb einer natürlichen Varianz gut abschätzbar.

Die Mengen sind beträchtlich wie die Untersuchungen belegen und stellen u.a. das BodenSchG vor eine Herausforderung.

Denn **ggf. müssen nach Jahrzehnten des Betriebs riesige Bodenflächen bei entsprechender Kontamination durch die Emissionen abgetragen werden**.

Das aber muss von Anfang an bedacht werden. Hinzu kommt die wachsende Sensibilität der Wissenschaft und des Gesetzgebers gegen solche unstreitig nachteiligen Umwelteinflüsse durch kommende Verschärfungen der gesetzlichen Regeln und Grenzwerten.

Besonders heikel dürfte das dort sein, wo die durch Mikropartikel-Eintrag betroffenen Flächen für die Lebensmittelproduktion genutzt werden.

Ohne dies frühzeitig in den Verfahren zu untersuchen, abzuschätzen und, soweit überhaupt Genehmigungen erteilt werden können, in den Genehmigungen explizit zu regeln und z.B. Rückstellungen für „worst-case-Szenarien" zu verpflichten

Trotz dieser offensichtlichen wissenschaftlich belegten Fakten weigern sich Behörden Bodenuntersuchungen vorzunehmen oder Auflagen in den Genehmigungen zu definieren.

Das ganze Thema wird seit Jahren tabuisiert, als ob es das nicht gäbe. Aber es ist existent und brennt unter den Nägeln, insbesondere angesichts des geplanten bundesweit flächendeckenden Zubaus mit solchen die Umwelt immer stärker belastenden Anlagen, insbesondere aber im vorliegenden Fall, wo aufgrund dieser Umstände ein Anspruch auf eine solche vorherige Untersuchung, Prognose und Klärung im Schadensfalle existentiell ist.

Ausdeutende Überlegungen

Ich empfehle Ihnen dringend, den Rest des Gutachtens von
Rechtsanwalt Mock zu lesen.
Die Sprache ist manchmal recht technisch, aber es ist auf
jeden Fall etwas, das man nachlesen sollte, denn wenn es
nach den Machthabern geht, werden diese Windturbinen –
krebsfördernde Apparate – in Kürze in all unseren Vierteln
aufgestellt werden.

Was der Bericht jedoch auslässt, ist das, was mit Offshore-
Windparks passiert: Da es sich um dieselben Maschinen
und Materialien handelt, werden diese giftigen und
krebserregenden „fiesen Fasern" in ähnlicher Weise in der
Umwelt verteilt und auch von der Meeresfauna
aufgenommen.

Asbest, „fiese Fasern" und all der andere Mist, mit dem man
um sich wirft; die Leidtragenden dieser Art von
Kontamination sind alle Lebewesen auf der Erde.

Vielleicht gibt es einen kleinen Hoffnungsschimmer:
Ich bezweifle, dass die globalistischen Eliten (und/oder
diejenigen, die hinter ihnen stehen) von diesen „Problemen"
wissen bzw. dass diese auch sie betreffen werden.

Vielleicht werden sie sich vor dem Abgrund, dem wir alle
gegenüberstehen, zurückziehen.

Falls (eine hypothetische Annahme, falls es jemals eine
gab), und bis sie das herausfinden, müssen wir diesen
Wahnsinn mit jeder Faser unseres Seins bekämpfen.

<u>Den Link hierzu finden Sie am Ende des Berichtes.</u>

<u>Hier die Links aus o.a. Bericht:</u>
Seite 157
https://tkp.at/2024/08/09/windkraftwerke-als-todesfallen-
fiese-fasern-und-kontaminationsrisiken/
Den ganzen Bericht lesen Sie auf Seite 144.

https://fortschrittinfreiheit.de/

<u>https://www.landtag.nrw.de/portal/WWW/
dokumentenarchiv/Dokument/MMST18-292.pdf</u>

Seite 160
<u>https://pubmed.ncbi.nlm.nih.gov/34902412/</u>

Seite 162
<u>https://www.windbranche.de/news/nachrichten/Artikel
25242</u>-fraunhofer-iwes-sagt-erosion-vonwindkraftanlagen
-den-kampfan und

Seite 163
<u>https://www.iwes.fraunhofer.de/de/presse_medien/
archiv2017/regenerosion-an-rotorblaettern-effektiv-
vorbeugen.html</u>.

Seite 164:
https://www.mdpi.com/1996-1073/14/18/5974

<u>https://www.sciencedirect.com/science/article/abs/pii/
S0960148121000501</u>

Seite 166
<u>Von Jahobr – CC0,
https://commons.wikimedia.org/w/index.php?
curid=44444943, via Wikimedia Commons</u>

Windräder in Feldern:
Super-GAU für Bauern und
Nahrungsmittelsicherheit

Link hierzu:
https://tkp.at/2024/08/19/windraeder-in-feldern-super-gau-
fuer-bauern-und-nahrungsmittelsicherheit/

Autor: Dr. Peter F. Mayer

**Mitten in landwirtschaftlich genutzten Flächen wurden
massenhaft Windräder in Betrieb genommen.
Durch Abrieb an den Rotoren werden teils hoch
toxische Stoffe wie feinst lungengängige Carbon- oder
Glasfasern freigesetzt.
Dazu kommen eine Reihe gefährlicher Chemikalien wie
etwa Bisphenol-A.
Diese Mikropartikel werden im weiten Umkreis verteilt,
kontaminieren den Boden und in weiterer Folge die
Nahrungsmittel.** 169

Über die Auswirkungen auf Menschen und Reaktionen
darauf habe ich früher schon berichtet.
Bewohner in Südkreta haben die Errichtung weiterer
Windanlagen verhindert.
Anlass waren **schwere Erkrankungen von Anrainern** bei
großen Anlagen auf Bergkämmen. Der Bereich wurde
tödlich für alle Arten von Tieren und Landwirtschaft wurde
unmöglich.
Eine **medizinische Studie führt aus,** dass *„Nachbarn, die
im Umkreis von 10 km von industriellen Windturbinen
wohnen, haben über gesundheitliche Beeinträchtigungen
berichtet und eine Räumung ihrer Häuser in Erwägung
gezogen. Einige Teilnehmer schilderten ihre Sorge um die
Tierwelt und die Auswirkungen auf ihre Haustiere, Tiere und
ihr Brunnenwasser.“*

<u>Die Links hierzu finden Sie am Ende des Berichtes.</u>

Kollege Sander-Faes hat zuerst in **einem Artikel** über
wissenschaftliche Erkenntnisse zu vielfältigen potenziellen
Gesundheitsrisiken durch Windkraftwerke berichtet.

<u>Den Link hierzu finden Sie am Ende des Berichtes.</u>

In einem **zweiten Artikel** geht es um behördlich bekannte
Unterlagen, die Rechtsanwalt Thomas Mock im
vergangenen Jahr dem Niedersächsischen Landtag in Form
eines Expertengutachtens vorgelegt hat. Das sind bis dato
kaum ansatzweise bewusste Gefahren der „Grünen Wende“
für Mensch, Tier und Umwelt.

<u>Den Link hierzu finden Sie am Ende des Berichtes.</u>

Diese Gefahren werden mit einiger Wahrscheinlichkeit über
kurz oder lang zu Nutzungsverboten in einem Umkreis von

mindestens 1000 Metern um Windradstandorte führen
(müssen).
Die betreffende Fläche wäre 3,14 Quadratkilometer.
Das geht aus einem Gutachten hervor, das dem nordrhein-
westfälischen Landtag vorgelegt wurde.
Der Autor dieses Gutachtens ist Rechtsanwalt Thomas
Mock, es datiert vom 2. März 2023 und wurde im Auftrag der
Gesellschaft für Fortschritt in Freiheit e.V. erstellt, einer
selbsternannten „freiheitlichen" Denkfabrik.

<u>Den Link hierzu finden Sie am Ende des Berichts.</u>

Erhöht sich der Radius der Kontamination auf 1500 Meter so
wächst die betroffen Fläche au 7,07 km² (F = r² * ∏).

Hier ein Beispiel eine Kette von Windrädern in einem
Windschutzgürtel mit Feldern auf einer Seite und einem
Industriegebiet auf der anderen.
Die betroffene Fläche wäre noch immer 1,57 km² bei 1000
Umkreis und 3,53 km² bei 1500 Meter Reichweite der
Kontamination.
Durch Mikropartikel, die von Windrotoren in ihre Umgebung
freigesetzt werden, sind sowohl Anwohner in Eigentum und
Gesundheit betroffen, wie auch landwirtschaftlich genutzte
Flächen, wo über jahrzehntelangen Betrieb eine signifikante
kontinuierlich zunehmende Kontamination durch diverse
Mikropartikel eintritt.
Der Betrieb von Windanlagen aufgrund des natürlichen und
unvermeidlichen Abriebs/Erosion/Delamination von
toxischen Mikropartikeln von Rotoroberflächen kann einer
Genehmigung entgegen stehen.

Das war aber bisher nicht der Fall. Im Gegenteil, es werden
massenhaft Windräder mitten in Felder hinein gebaut, wie
das Bild oben zeigt.
Das ist im Großraum Wien, in Niederösterreich und dem
Burgenland, im Weinviertel, Marchfeld, dem Wiener Becken
oder im Bereich des Neusiedlersees der Fall.
Aus diesen Regionen stammt ein großer Teil der in der
Region angebauten Futtermittel (oben zb ein Maisfeld zu
sehen), und Nahrungsmittel für Menschen, wie verschiedene
Getreidesorten und Gemüse.

Laut dem Gutachten von Thomas Mock ist die Gefahr von
signifikanten Gesundheitsschäden durch die toxischen und
schädlichen Partikeleinträge unverhältnismäßig und
unzumutbar, Art 2, 20 a GG, und kann einen
landwirtschaftlichen Betrieb in seiner Existenz gefährden, Art
14 GG.
Dabei ist angesichts der großen Flächen heutiger Rotoren

und eines üblichen durchschnittlichen aber unvermeidlichen
Abriebs von Mikropartikeln in allen Größen und der
Lebenszeit von Rotoren bereits von einer signifikanten
Menge an Mikropartikeln auszugehen, die aufgrund ihrer
Winzigkeit auch dann schon in die Millionen Partikel reichen.

*„Standorte in Anbaugebieten für Lebensmittel bzw
landwirtschaftlich genutzte Flächen scheiden
mithin per se aus,"* so Mock.
Dem ist aber nicht so, wie wir sehen.

Heute üblich gewordene Rotoren mit ca. 80 m Länge haben
eine Gesamtoberfläche von 250 bis 350 qm.
Eine Windanlage mit drei solcher Rotoren hat mithin eine
Gesamtoberfläche von bis ca. 1.000 qm.

Die in den Oberflächen heute üblicher Rotorblätter
verwendeten Materialien Carbon/GFK/CFK sind synthetisch
hergestellte Substanzen, die in der Natur nicht vorkommen.
Sie zeichnen sich dadurch aus, dass sie gleichzeitig

wasserabweisend (hydrophob), fettabweisend (lipophob) und schmutzabweisend wirken.

Aufgrund ihrer hohen Stabilität werden die chemischen Verbindungen von Carbon/GFK/CFK durch die in der Umwelt üblichen Abbauprozesse praktisch nicht zerstört. Dementsprechend lassen sie sich auch dem Abwasser durch die in Kläranlagen gängigen Abbauverfahren, die im Wesentlichen auf dem Einsatz von Mikroorganismen beruhen, nicht entziehen.

Mit anderen Worten: Sie verbleiben dauerhaft in den Böden oder im Grundwasser, so sie nicht in die Pflanzen aufgenommen werden und damit in die Nahrung von Mensch und Tier gelangen.

Carbon/GFK/CFK sind für Menschen und Tiere toxisch und stehen im Verdacht, in hohen Dosen fortpflanzungsgefährdend und krebserregend zu sein (u.a. Bisphenol-A) und werden mit Asbest gleichgesetzt (UBA 2020).

Die zuständigen Behörden haben bisher nicht einmal eine Prognose oder Untersuchungen oder Monitoring zum Schutz der Anwohner und der Landwirtschaft eingefordert, selbst wenn die Anlage nur wenige hundert Meter zu Wohnhäusern errichtet werden oder sogar unmittelbar neben oder inmitten von Flächen zum Anbau von Lebensmitteln.

Das ist alles bereits im großen Umfang geschehen und wird laufend erweitert und ausgebaut für den „Klimaschutz".

Wann kommen Nutzungsverbote und Enteignung von der EU?
Es gibt, wie der Rechtsanwalt ausführt, die entsprechenden Gesetze und Paragraphen, die eine Aufstellung von Windrädern selbst in der Nähe landwirtschaftlicher Flächen

untersagen. Was, wenn diese Pargraphen nun umgekehrt angewendet werden?
Die Kontamination ist passiert, eine landwirtschaftliche Nutzung kann daher nicht mehr statthaft sein.

Die EU tut seit einiger Zeit alles um den Bauern das Leben schwer zu machen. Die Vorschriften führen zu massenhaften Enteignungen und **Vertreibungen der Bauern wie in Holland**, CO2-Steuern auf **Kühe in Dänemark** und werden ergänzt durch nicht enden wollende bürokratische Einschränkungen.

<u>Die Links hierzu finden Sie am Ende des Berichtes.</u>

Gleichzeitig werden <u>I</u>**nsektenmehl aus Grillen, Mehlwürmern** und ähnlichen Getier für die Produktion von Nahrungsmitteln, **Laborfleisch, Kunstmilch, Chemie-Butter** und vertikale Gemüseproduktion in Mega-Fabriken zugelassen und aus Steuermitteln massiv gefördert.

<u>Die Links hierzu finden Sie am Ende des Berichtes.</u>

Die EU hat am 4. Januar 2023 die Genehmigung erteilt, Insekten (Hausgrillen – Bild oben) in Backwaren, Teigwaren und anderen Teilfertigprodukten „für die allgemeine Bevölkerung" beizumischen.

<u>Den Link hierzu finden Sie am Ende des Berichtes.</u>

Die Mengen von Mikropartikelemissionen sind laut dem Gutachten beträchtlich, wie die Untersuchungen belegen und stellen u.a. das BodenSchG vor eine Herausforderung. Denn ggf. müssen nach Jahrzehnten des Betriebs riesige Bodenflächen bei entsprechender Kontamination durch die Emissionen abgetragen werden, so der Rechtsanwalt.

Die Frage ist dann aber, wer sich das leisten kann.
Geht die Betreiberfirma des Windparks rechtzeitig in den
Konkurs so verbleibt der Bauer mit einer kontaminierten
Fläche, deren Nutzung verboten und deren Sanierung zu
teuer ist.
Das bietet ein ideales Betätigungsfeld für die großen
Vermögensverwalter, die dann als Aufkäufer auftreten.
Meiner Meinung ist die Frage nicht, ob dies passieren wird,
sondern lediglich wann.
Die One Health Ideologie der WHO, die sich auch die EU zu
eigen gemacht hat, liefert den idealen Begründungsrahmen.
Was meint Ihr, wann die EU zuschlagen wird? Hinterlasst
Eure Einschätzung in den Kommentaren unten.

Unter dem Strich: Windräder in und bei landwirtschaftlich
genutzten Flächen sind eine mittlerweile akute Gefahr für
Bauern und Nahrungsmittelverfügbarkeit.

<u>Hier die Links aus o.a. Bericht:</u>
Seite 169
https://tkp.at/2024/06/16/hitze-und-saharastaub-in-
griechenland-und-die-rolle-von-windparks/
Den ganzen Bericht lesen Sie auf Seite 088.

https://tkp.at/2024/07/02/studie-windraeder-machen-
menschen-und-tiere-krank-und-schaden-der-umwelt/
Den ganzen Bericht lesen Sie auf Seite 119.

https://tkp.at/2024/08/09/windkraftwerke-als-todesfallen-
fiese-fasern-und-kontaminationsrisiken/
Den ganzen Bericht lesen Sie auf Seite 144.

<u>https://tkp.at/2024/08/15/windkraft-und-fiese-fasern-fakten-
von-ra-thomas-mock/</u> Den ganzen Bericht lesen Sie auf
Seite 158.

https://fortschrittinfreiheit.de/

Seite 174
https://tkp.at/2023/09/22/der-krieg-gegen-bauern-und-selbstaendige-landwirtschaft-in-der-eu-am-beispiel-holland-und-ukraine/

https://tkp.at/2024/06/27/daenemark-steuern-auf-kuehe-um-laborfleisch-zu-foerdern/

https://tkp.at/2023/01/17/neue-eu-verordnung-erlaubt-die-beimischung-von-hausgrillen-in-nahrungsmitteln/

https://tkp.at/2024/04/23/deutschland-foerdert-produktion-von-kunst-milch-und-kunst-fleisch/

So verursachen Windräder massive Umweltschäden

Link hierzu:
https://tkp.at/2024/08/21/so-verursachen-windraeder-massive-umweltschaeden/

Autor: Dr. Peter F. Mayer

Energie von Windrädern wird als sauber, billig und nützlich für den „Klimaschutz" hingestellt. Jedoch übertreffen die davon verursachten Schäden für die Umwelt sowie die Gesundheit von Mensch und Tier fast alle anderen Formen der Gewinnung von elektrischer Energie. Das lässt sich auch aus Unterlagen von so renommierten Institutionen wie dem Fraunhofer Institut ableiten.

Am Standort Bremerhaven bietet das **Fraunhofer IWES** die gesamte Bandbreite mechanischer Prüfungen an Rotorblattstrukturen. Die moderne Infrastruktur ist auch für die Tests an Rotorblättern mit einer Länge von mehr als 100

Meter ausgelegt. Derzeit häufig verbaut werden Windräder mit 160 bis 175 Meter Durchmesser, beispielsweise von der Firma Enercon, also Rotorblattlängen zwischen 80 und 90 Metern, wie auf der **Webseite** dargestellt.

<u>**Die Links hierzu finden Sie am Endes des Berichtes.**</u>

Bei Interesse, sende ich Ihnen das komplette PDF. Schreiben Sie mir hierzu: traude-schubert@gmx.de

ENERCON – Globaler Hersteller von Windenergieanlagen
Machen Sie Energiegewinnung aus Onshore-Wind zu einem erfolgreichen Business. Als einer der führenden Hersteller und Servicedienstleister für Windenergieanlagen sind wir zuverlässiger Partner für Windparkprojekte in Deutschland, Europa und weltweit.

Ganz besonders wichtig ist die Prüfung des Schutzes der Vorderkante der Rotorblätter. Diese treffen auf alles was sich in der Luft befinden kann wie Regentropfen, Hagelkörner, Saharastaub, der jüngst immer häufiger auftrat, aber auch Insekten und Vögel. Sieht man sich Windräder selbst bei Starkwind an, so bewegen sie sich noch immer ruhig und majestätisch.
Doch der Schein trügt.

Höchstgeschwindigkeit an der Rotorspitze von über 300 km/h

Ein kurzer Ausflug in die Mathematik zeigt uns das die Rotorspitze beim 175-Meter-Modell von Enercon einen Kreis mit 550 Meter Umfang durchfährt. Bei 10 Umdrehungen in der Minute, was noch immer als nicht besonders schnell wahrgenommen wird, wird also dieser Kreis in jeweils 6 Sekunden durchfahren, was eine Geschwindigkeit von

91,6 m/s oder 330 km/h ergibt. Bei 12 Umdrehungen flitzt
die Rotorspitze mit einer Geschwindigkeit von 110 m/s bzw.
396 km/h im Kreis.

Die Variante mit 160 Metern Durchmesser, erkennbar an der
quaderförmigen länglichen Gondel mit den roten seitlichen
Streifen, die sehr häufig verbaut wurde, erreicht an der
Flügelspitze bei 10 Umdrehungen pro Minute noch immer
301 km/h, in der Mitte des Blattes sind es immer noch 150
km/h. Bei der Geschwindigkeit ist ein Wassertropfen hart wie
Beton.

Fraunhofer IWES schreibt dazu in seiner Broschüre:

> „Die Rotorblattspitzen einer Windenergieanlage
> erreichen im Volllastbetrieb eine Geschwindigkeit
> von über 300 km/h. Regentropfen wirken bei
> dieser Geschwindigkeit wie Schmirgelpapier auf
> der Oberfläche.
> Bereits kleine Schäden verursachen eine
> punktuelle Aufrauung der Oberflächen, die den
> Ertrag mindert und die Wirtschaftlichkeit
> beziehungsweise die Lebensdauer der gesamten
> Anlage beeinträchtigen."

Windräder sind für recht hohe Windgeschwindigkeiten
ausgelegt:

Die **Tabelle** zeigt Abschaltwindgeschwindigkeiten von 72 bis
122 km/h und Überlebensgeschwindigkeiten von 180 bis
252 km/h. Damit sind durchaus solche Drehzahlen
erreichbar, wie man sich in **Windkraft-Rechnern** ansehen
kann.

Bandbreite typischer Kenndaten von Windkraftanlagen[99]

Anlaufwindgeschwindigkeit	2,5–4,5 m/s
Auslegungswindgeschwindigkeit (Nur für ältere drehzahlstarre Anlagen von Bedeutung)	6–10 m/s
Nennwindgeschwindigkeit	10–16 m/s
Abschaltwindgeschwindigkeit	20–34 m/s
Überlebenswindgeschwindigkeit	50–70 m/s

Die Links hierzu finden Sie am Ende des Berichtes.

Umweltschäden mit Boden-Kontamination durch toxische Mikropartikel

Fraunhofer lässt dabei das entscheidende Problem unter den Tisch fallen. Jede Verletzung des Rotors setzt Mikropartikel frei und das immer wieder und immer mehr. Die äußere Struktur der Rotorblätter besteht aus Glasfaser-Verstärktem-Kunststoff (GFK) oder Carbonfaser-Verstärktem-Kunststoff (CFK).
Die von Fraunhofer bestätigte Aufrauhung fährt weiter zur Abgabe dieser toxischen Mikropartikel und kontaminiert damit die Böden rund um das Windrad.
In einem **Gutachten, das Rechtsanwalt Thomas Mock** im vergangenen Jahr dem Niedersächsischen Landtag

vorgelegt hat, wird eine Kontaminierung im Umkreis von
1000 Metern angenommen.

<u>Den Link hierzu finden Sie am Ende des Berichtes.</u>

Die von den Rotorblättern sich ablösenden Mikropartikel
sind synthetisch hergestellte Substanzen, die in der Natur
nicht vorkommen. Sie zeichnen sich dadurch aus, dass sie
gleichzeitig wasserabweisend (hydrophob), fettabweisend
(lipophob) und schmutzabweisend wirken.
Aufgrund ihrer hohen Stabilität werden die chemischen
Verbindungen von Carbon/GFK/CFK durch die in der
Umwelt üblichen Abbauprozesse praktisch nicht zerstört.
Dementsprechend lassen sie sich auch dem Abwasser
durch die in Kläranlagen gängigen Abbauverfahren, die im
Wesentlichen auf dem Einsatz von Mikroorganismen
beruhen, nicht entziehen.

Mit anderen Worten: Sie verbleiben dauerhaft in den Böden
oder im Grundwasser, so sie nicht in die Pflanzen
aufgenommen werden und damit in die Nahrung von
Mensch und Tier gelangen.

Carbon/GFK/CFK sind für Menschen und Tiere toxisch und
stehen im Verdacht, in hohen Dosen fortpflanzungsgefährdend und krebserregend zu sein (u.a. Bisphenol-A)
und werden mit Asbest gleichgesetzt (UBA 2020).

Heuer gab es ein hohes Aufkommen von Saharasand in der
Luft in März-April und Anfang Sommer.
Wie berichtet gibt es **Studien**, die für das erheblich
verstärkte Auftreten von Saharasand just die Windparks
verantwortlich machen. Jedenfalls kann man davon
ausgehen, dass der Sand in der Luft ebenfalls wie

Schmirgelpapier wirkt, die Oberflächen weiter schädigt und damit für zusätzliches Gift im Boden sorgt.

Den Link hierzu finden Sie am Ende des Berichtes.

Geradezu skurril erscheinen damit die Behauptungen über Umweltschutz durch Windanlagen, wie etwa hier auf der **Webseite der Wien Energie** behauptet wird:

Umweltvorteile

Windkraft ist eine **100 % saubere, erneuerbare Energiequelle**. Sie ist umweltfreundlicher als herkömmliche Kraftwerke, die Kohle, Öl oder Gas verwenden.

Denn im Vergleich zu fossilen Brennstoffen **produzieren** Windkraftanlagen während des Betriebs **keine Treibhausgase**. Die Reduzierung von CO_2-Emissionen und anderen schädlichen Abgasen ist entscheidend im Kampf gegen den Klimawandel.

Windkraft ist weder sauber, noch erneuerbar, der Wind weht oder eben nicht.
Er ist erheblich umweltschädlicher als herkömmliche Kraftwerke, denn diese kontaminieren nicht großräumig landwirtschaftlich genutzte Böden. Sie stellen damit nicht nur eine enorme Gefahr für unsere Ernährungssicherheit dar, sondern werden vermutlich in nicht allzu ferner Zukunft vielen Bauern die Erwerbsquelle nehmen, sobald ihre Felder wegen der Kontamination mit einem Nutzungsverbot belegt werden, **wie hier dargelegt.**

Den Link hierzu finden Sie am Ende des Berichtes.

Die Windanlagen produzieren zwar kein CO2, das aber
ohnehin hauptsächlich das Pflanzenwachstum beschleunigt
und zum Klimawandel der letzten zehntausend Jahre nie
beigetragen hat. Aber Windparks sorgen selbst direkt für
regionale Erderwärmung um 0,72 Grad pro Jahrzehnt, wie in
einer **Studie in Texas** und einer im **Burgenland** festgestellt
wurde. Windräder entnehmen der Atmosphäre Energie und
wandeln damit zwangsläufig das Klima.

Den Links hierzu finden Sie am Ende des Berichtes.

Windenergieanlagen als umweltfreundlich hinzustellen ist
der größte Schwindel unter den vielen Klima-
Falschinformationen.

Hier die Links zu o.a. Bericht:
Seite 178
https://www.iwes.fraunhofer.de/content/dam/iwes/
dokumente/deutsch/infomaterial/brosch%C3%BCren/
IWES_Rotorbl%C3%A4tter_de.pdf

https://www.enercon.de/de

Seite 180
https://de.wikipedia.org/wiki/Windkraftanlage#
Typenklasse_(Windklasse)

https://rechneronline.de/windkraft/umdrehung.php#
google_vignette

Seite 181
https://tkp.at/2024/08/15/windkraft-und-fiese-fasern-fakten-
von-ra-thomas-mock/

Den ganzen Bericht lesen sie auf Seite 158.

Seite 182
https://tkp.at/2024/05/17/windparks-fuer-hitzewellen-und-saharastaub-in-europa-verantwortlich/
Den ganzen Bericht lesen Sie auf Seite 080.

Seite 183
https://tkp.at/2024/08/19/windraeder-in-feldern-super-gau-fuer-bauern-und-nahrungsmittelsicherheit/
Den ganzen Bericht lesen Sie auf Seite 169.

https://tkp.at/2024/06/30/texas-erwaermung-um-072-grad-pro-jahrzehnt-durch-windparks/
Den ganzen Bericht lesen Sie auf Seite 115.

Bonanza Windkraft – wer an der Aufstellung von Windrädern verdient

Link hierzu:
https://tkp.at/2024/08/23/bonanza-windkraft-wer/

Autor: Dr. Peter F. Mayer

Windkraft wird in Europa ausgebaut koste es was es wolle. In Deutschland gibt es schon 30.000 Anlagen und jedes Jahr kommen 2000 neue dazu.
Auch in Österreich scheint die Sache ein tolles Geschäft zu sein, teils wird massiv ausgebaut, teils regt sich Widerstand.

Ein Bundesland, das sich seine Natur noch sauber und ohne Bodenkontamination erhalten hat, ist Tirol. In Osttirol will aber die schwarz-rote Landesregierung den Windparks „Hochalm Campedal" in Assling errichten.
Der Mega-Windpark, der bei positiven Prüfbericht bis 2030 errichtet sein soll, sei ein „wichtiger Schritt in Richtung Energiewende", erklärte ein Landesrat Mario Gerber gegenüber Medien.
Aber dagegen erhebt sich Widerstand seitens des Osttiroler Bezirksobmann der FPÖ Mag. Gerald Hauser der neuerdings auch Abgeordneter im EU-Parlament ist.

In einer Aussendung weist Mag. Hauser das Bewerben des Vorhabens unter dem Siegel von Nachhaltigkeit und Umweltverträglichkeit entschieden zurück.
Windparks seien erwiesen für Mensch und Umwelt schädlich, so der FPÖ-Politiker:

„Wir wissen bereits, dass hochgiftige Stoffe durch
den Abrieb an den Rotoren in die Umwelt
übergehen.
Feinste lungengängige Carbon- und Glasfasern,
Chemikalien wie Bisphenol A vergiften Mensch,
Tier und Flora im Umfeld der Windparks.
In Südkreta wurden schwere Erkrankungen bei
Menschen im Umfeld eines solchen Windparks
beobachtet, und die Errichtung weiterer Anlagen
gestoppt.
Das hat in unserer gesunden Osttiroler Umwelt
nichts verloren.“

Gute Geschäfte in Niederösterreich

Niederösterreich ist vor dem Burgenland sozusagen
Marktführer beim Ausbau der Windanlagen. Auf der
**Webseite der Energie- und Umweltagentur des Landes
NÖ** werden die Eckdaten so dargestellt:

<u>**Den Link hierzu finden Sie am Ende des Berichtes.**</u>

„Derzeit erzeugen 797 Windkraftanlagen Strom für 1,4 Mio.
Haushalte (Stand: Ende 2023). Das sind über 4.800
Gigawattstunden (GWh).
Niederösterreich nimmt damit vor dem Burgenland eine
Spitzenstellung in Österreich ein. …Bis zum Jahr 2030 soll
der Strom aus Windkraft von derzeit (Stand: Ende 2023)
4.800 GWh auf 8.000 GWh fast verdoppelt .. werden.“

Auf der **Webseite der EVN** werden Einspeisetarife für Strom
aus Photovoltaik angegeben. Für November und Dezember
2023 lagen die Preise bei 7 bis 8 Cent.

Für die 4800 GWh wurden also etwa **330 bis 350 Millionen Euro** erzielt.

<u>Den Link hierzu finden Sie am Ende des Berichtes.</u>

Daran verdienen aber relativ viele mit:

- Grundbesitzer erhalten eine jährliche Pacht je nach Größe der Anlage von maximal 15.000 bis 20.000 Euro. Das machte für die 797 Windräder im Jahr 2023 also etwa **12 bis 15 Millionen Euro** aus.

- Gemeinden müssen entsprechende Widmungen vornehmen und die Verlegung von Leitungen oder Errichtung von Zufahrtswegen und andere Bautätigkeiten gestatten. Sie erhalten 6000 bis 7000 Euro für jedes auf Gemeindegrund installierte MW Leistung. Das machte etwa 2**0 Millionen Euro** für die 797 Windräder aus.

- Früher war die Leistung pro Windrad recht gering, jetzt kommt man bei den größten und neuesten schon auf bis zu 7 MW.

- Die Gemeinden erhalten zusätzlich meist noch irgendwelche Goodies, wie eine Solaranlage oder verschiedene Sponsorings im Wert von 100.000 oder mehr Euro.

Der Landesenergieversorger EVN hat dazu eine Tochterfirma (**<u>evn naturkraft</u>**), die diese Verträge abschließt. Sie arbeitet aber nicht allein, sondern es gibt noch einige Partner, die zum Teil schon vorher mit den Grundeigentümern Vorverträge abgeschlossen haben.

<u>**Den Link hierzu finden Sie am Ende des Berichtes.**</u>

So berichtete der **Kurier am 18.4.2013** über die Errichtung von Windparks auf insgesamt 700 Hektar in Bernhardstal und Schrattenberg.

>*„Derzeit ist die „Ventureal Projekt GmbH", Geschäftsführer ist Martin Blochberger, ein Sohn des früheren Agrar-Landesrates Franz Blochberger, dabei, Unterschriften auf Verträgen einzusammeln, die den Eigentümern von „Verdachtsflächen" zugestellt wurden."*

<u>**Den Link hierzu finden Sie am Ende des Berichtes.**</u>

Martin Blochberger ist nun Geschäftsführer der **TPA Windkraft GmbH**, die gemeinsam mit der evn Naturkraft oder deren operativen Töchtern Verträge mit Grundbesitzern und Gemeinden abschließt.

Link hierzu:
Link nicht mehr verfügbar.

Nicht fehlen dürfen natürlich die Großgrundbesitzer aus der altösterreichischen Aristokratie. Einer davon ist Johannes Trauttmannsdorf als Eigentümer der **ImWind Erneuerbare Energie GmbH.** Hauptsitz ist in der Josef Trauttmansdorf Straße in Pottenbrunn, Ableger gibt es in Wien und in Mainz für Deutschland.
Mit 455 installierte MW Wind gehört das Unternehmen zu den größeren.
<u>**Den Link hierzu finden Sie am Ende des Berichtes.**</u>

Wir sehen, Windkraft ist ein sehr lukratives Geschäft für viele Beteiligte. Und deshalb geht der Ausbau auch sehr flott voran.

Und das, obwohl das was Hauser anführt, absolut zutreffend ist.

Die Böden im Umkreis von 1000 Metern um Windräder werden so kontaminiert, dass Verbote für landwirtschaftliche Nutzung in nicht allzu ferner Zukunft folgen werden.

Mehr dazu hier: **Windräder in Feldern: Super-GAU für Bauern und Nahrungsmittelsicherheit**

Den Link hierzu lesen Sie am Ende des Berichtes.

Hier die Links aus o.a. Bericht:
Seite 186
https://www.enu.at/

Seite 187
https://www.evn.at/home/sonnenstrom

Seite 188
https://www.evn-naturkraft.at/

https://kurier.at/chronik/niederoesterreich/windpark-es-ist-nicht-fair-wenn-einer-allein-das-ganze-geld-bekommt/9.552.239

https://www.imwind.at/ueber-uns

https://tkp.at/2024/08/19/windraeder-in-feldern-super-gau-fuer-bauern-und-nahrungsmittelsicherheit/
Den ganzen Bericht lesen Sie auf Seite 169.

Erneuerbare Energie ein unwissenschaftlicher Unsinn – Windräder verursachen Klimawandel

Link hierzu:
https://tkp.at/2024/08/27/erneuerbare-energie-ein-unwissenschaftlicher-unsinn-windraeder-verursachen-klimawandel/

Autor: Dr. Peter F. Mayer

Der Begriff der „Erneuerbaren Energien" verstößt gegen grundlegende Gesetze der Physik. In der Folge führt der Begriff dazu, dass Windräder und Solaranlagen Klimawandel nicht nur nicht verhindern, sondern ihn sogar mit verursachen.

In der Physik gibt es einen Satz eherner Gesetze, nämlich die Erhaltungsgesetze. Was uns bei der Klimapolitik interessiert, ist das Gesetz von der Erhaltung der Energie. Das Gesetz besagt, dass Energie weder erzeugt noch vernichtet werden kann. Sie kann daher auch nicht erneuert werden. Sie kann nur umgewandelt werden. Es handelt sich also um eine Serie von Umwandlungen in verschiedene Energieformen. Am Schluss der Kette steht meist Wärme, egal ob die Quelle die Strahlung der Sonne oder die Bewegungsenergie des Windes ist.

Das sind die unbestreitbaren wissenschaftlichen Erkenntnisse und Fakten. Sie werden leider sowohl von den „Klimawissenschaftlern" als auch den „Modellierern" rund um den „Weltklimarat" IPCC der UNO gerne geleugnet und

verletzt. Viele der Modelle des IPCC stimmen schon allein deswegen nicht.
Es gibt sogar ein Hochschulinstitute für „Regenerative Energiesysteme" eines an der **HTW Berlin** und ein weiteres an der **Hochschule Stralsund.**
Skurril, dass an deutschen Hochschulen schon im Namen von Instituten Grundlagen der Physik geleugnet werden.

Die Links hierzu finden Sie am Ende des Berichtes.

Prof. Volker Quaschning von der HTW Berlin ist einer der lautesten Vertreter der erneuerbaren Ideen, er nennt sich in **seinem X-Profil** sogar *„Experte für Erneuerbare Energien"*, also für etwas das physikalisch unmöglich ist und das es nicht gibt. Also, ein Experte für Nichts.

Den Link hierzu finden Sie am Ende des Berichtes.

Die vielen Umwandlungen der Windenergie
Die kinetische Energie des Windes wird durch die Rotorflügel des Windrades zunächst in Rotationsenergie und einen kleinen Betrag Wärme umgewandelt.
Damit wird der Generator angetrieben, der elektrische Energie und wieder Wärme erzeugt..
Diese wird per Kabel zu Sammelstellen wie zB einen Umspannwerk geleitet, wobei durch den Widerstand im Kabel wieder Wärme entsteht.

Über Kabelnetze gelangt die elektrische Energie unter weiterer geringfügiger Abgabe von Wärme zu den Endverbrauchern, die daraus Bewegungsenergie, chemische Energie, Licht, Fernsehen, Batterieladungen und ähnliches sowie auf jeden Fall wieder Wärme erzeugen.
Verloren geht die Energie sicher nie, ihre Summe bleibt in umgewandelter Form in jedem Fall erhalten.

Was in den Windparks mit der Energie passiert

Einen kleinen Teil der in Rotation verwandelten Energie gibt das Windrad lokal wieder ab. Im Bereich der Wind-Schleppe in Lee kommt es zu erheblichen Verwirbelungen und Durchmischung der Luftschichten, sogar über die nicht unbeträchtliche Höhe der Windräder hinaus.
Dieser Effekt wird für die Austrocknung von Böden in Windparks verantwortlich gemacht.

TKP hat Anfang 2023 dazu berichtet, dass die Windenergie auch massiven Einfluss auf das Klima selbst hat. 2017 gestand die deutsche Oberbehörde ein, dass laut Messwerten die Windgeschwindigkeit abnehme, Windsterben oder „Global terrestrial stilling" wird das Phänomen bezeichnet.
Das es in der Umgebung von Windkraft-Anlagen zu höheren Temperaturen kommt, ist vielfach belegt.
2018 kam eine (von vielen) entsprechenden Studien aus Harvard, die erhöhte Temperaturen und weniger Bodenfeuchte gemessen hatte.
Hinter den Windrädern ist der Boden und die Luft weniger feucht.
Die Ursache: die Umwälzung der natürlichen Temperaturschichten durch die Windräder.

<u>**Die Links hierzu finden Sie am Ende des Berichtes.**</u>

Weiter wird Energie genutzt um Vögel, Fledermäuse und Insekten zu vernichten und teils hunderte Meter weit weg zu schleudern, erreichen doch die Rotorblätter **wie hier gezeigt** je nach Windstärke an den Rotorenden Geschwindigkeiten von mehreren hundert km/h.

Bei der Gelegenheit werden auch hoch giftige Mikropartikel aus den Rotorblättern im Laufe der Jahre bis zu 1000 Meter rund um das Windrad verteilt und kontaminieren dauerhaft die Böden.
Das wird wahrscheinlich in nicht allzu ferner Zukunft zu **einem Nutzungsverbot der landwirtschaftlichen Flächen** führen.

<u>Die Links hierzu finden Sie am Ende des Berichtes.</u>

Durch diese Effekte und vor allem durch die abgeleitete Elektrizität ist dem Wind erheblich Energie entzogen worden. Die ist weg und zwar endgültig.
Dass sie erneuert werden kann, ist wissenschaftlicher Schwachsinn. Es fehlt also im Lee der Windräder die Energie die abgeleitet wurde

Die Entnahme großer Energiemengen muss aber zu einem niedrigen Druck im Windschatten der Anlagen führen.
Es ist offensichtlich, dass der Entzug von Energie Einfluss

auf das Klima haben muss, in einem Windpark sogar nicht
unbeträchtlichen. In Deutschland gab es Ende 2023 etwa
30.000 Onshore-Windräder, 2000 sollen jedes Jahr
dazukommen. Europaweit halten wir bei über 200.000.

Dazu kommen noch weitere zehntausende vor den Küsten
Europas.

<u>Den Link hierzu finden Sie am Ende des Berichtes.</u>

Was ändert nun dieser Energieentzug am Klima?

Mit der unwissenschaftlichen Behauptung der „Erneuerbaren
Energien" soll der Eindruck erweckt werden, dass Energie
kaum der Atmosphäre entzogen wieder vom Deus ex
machina erneuert wird.
Damit wäre diese Art der Erzeugung von elektrischen Strom
„klimaneutral", was ebenso gerne wie falsch behauptet wird.

TKP hat wiederholt über **Studien aus Texas,** dem
Burgenland oder **Modellrechnungen für Afrika** berichtet,
die nachweisen, dass Windparks Erderwärmung
verursachen.
Eine **weitere Studie** hat eine Korrelation nachgewiesen
zwischen Errichtung von Windparks nahe den britischen
Inseln in der Nordsee sowie einem Temperaturanstieg und
vermehrten Auftreten von Saharastaub.

Tatsächlich haben wir seit einiger Zeit so häufige
Südwetterlagen wie nie zuvor und ebenso häufiger ist
Saharasand in der Luft, was ebenso wärmer macht.

<u>Die Links hierzu finden Sie am Ende des Berichtes.</u>

Also je mehr Windräder umso wärmer und umso mehr
Saharastaub in der Luft.

Der Saharastaub in der Luft ist übrigens auf den
Satellitenbildern nicht sichtbar.

Die **Aufnahmen sind abgestimmt auf das
Wasserdampfband** der oberen Ebene. Die zentrale
Wellenlänge für dieses Band ist 6,2 µm (Mikrometer).
Der Hauptzweck dieses Bandes ist die Erkennung von
atmosphärischen Merkmalen in der oberen Ebene, wie z. B.
Jetstreams, Täler/Streifen und Anzeichen für mögliche
Turbulenzen.

<u>Den Link hierzu finden Sie am Ende des Berichtes.</u>

Die EU-Politik ist offenbar auch der Meinung, dass es in
Europa mit der Klimaerwärmung schneller geht als
anderswo. Nach der Abstimmung für die Annahme der EU-
Renaturierungsverordnung **erklärte Berichterstatter César
Luena** (S&D, ES):

>   „In den letzten 40 Jahren hat sich Europa doppelt
>   so schnell erwärmt wie der Rest der Welt."

Die Dichte an Windrädern ist in Europa höher als woanders
auf der Welt.

Mit dem Begriff „Erneuerbare Energie" wird verschleiert,
dass Windparks der Klimaerwärmung dienen.

<u>Den Link hierzu finden Sie am Ende des Berichtes.</u>

Aber sie dienen auch noch zu etwas anderem.

Es gibt schon seit längerer Zeit einen Krieg gegen die
Landwirte, z. B. durch den „European Green Deal", der den
Landwirten extreme Vorschriften auferlegt und viele aus dem
Geschäft drängt oder eben durch die Renaturierungs-
verordnung.
Überall werden Kleinbauern angegriffen, und nur riesige
Konzerne können überleben, aber die Qualität ihrer
Produktion ist minderwertig, und das gilt auch für die
Gesundheit derjenigen, die sie konsumieren (müssen).

Der rasante **Ausbau von Windparks in landwirtschaftlich
genutzten Flächen** stellt eine enorme Bedrohung für
Bauern und die Nahrungssicherheit dar.
Wie **TKP mehrfach berichtet** hat, erfolgt durch den Betrieb
der Windräder eine breitflächige Kontamination der darunter
liegenden landwirtschaftlich genutzten Böden. Das bietet
den idealen Vorwand für einen tödlichen Schlag gegen die
Landwirte.

<u>Die Links hierzu finden Sie am Ende dieses Berichtes.</u>

<u>Hier die Links zu o.a. Bericht:</u>

Seite 191
https://regenerative-energien.htw-berlin.de/

https://www.hochschule-stralsund.de/forschung-und-
transfer/institute/institut-fuer-regenerative-energiesysteme/

https://x.com/VQuaschning

Seite 192
https://tkp.at/2023/01/16/windsterben-sorgt-windenergie-
fuer-duerre-und-hitze/
Den ganzen Bericht lesen Sie auf Seite 24.

https://www.sciencedirect.com/science/article/pii/
S254243511830446X

Seite 193
https://tkp.at/2024/08/21/so-verursachen-windraeder-
massive-umweltschaeden/

https://tkp.at/2024/08/19/windraeder-in-feldern-super-gau-
fuer-bauern-und-nahrungsmittelsicherheit/
Den ganzen Bericht lesen Sie auf Seite 169.

Seite 194
https://www.enbw.com/unternehmen/themen/windkraft/
windkraftanlagen.html

https://tkp.at/2024/06/30/texas-erwaermung-um-072-grad-
pro-jahrzehnt-durch-windparks/
Den ganzen Bericht lesen Sie auf Seite 115.

https://tkp.at/2024/02/10/verursachen-windparks-
erderwaermung-und-klimaschaeden/
Den ganzen Bericht lesen Sie auf Seite 050.

https://tkp.at/2024/06/24/studie-wind-und-solarparks-
verstaerken-regen-und-vegetation/
Den ganzen Bericht lesen Sie auf Seite 104.

https://tkp.at/2024/05/17/windparks-fuer-hitzewellen-und-
saharastaub-in-europa-verantwortlich/
Den ganzen Bericht lesen Sie auf Seite 080.

Seite 195
https://www.noaa.gov/jetstream/goes_east

https://tkp.at/2023/07/13/eu-parlament-beschliesst-renaturierung-von-europa-fuer-green-deal-bauern-protestieren/

Seite 196
https://tkp.at/2024/08/19/windraeder-in-feldern-super-gau-fuer-bauern-und-nahrungsmittelsicherheit/
Den ganzen Text lesen Sie auf Seite 16ß.

https://tkp.at/2024/08/15/windkraft-und-fiese-fasern-fakten-von-ra-thomas-mock/
Den ganzen Text lesen Sie auf Seite 158.

„Windwahn" – über den Ausbau von Windparks und die klimatischen Folgen

Link hierzu:
https://tkp.at/2024/08/30/windwahn-ueber-den-ausbau-von-windparks-und-die-klimatischen-folgen/

Autor: Buch-Rezension

Eine Veränderung der klimatischen Verhältnisse auf unserer Erde in den letzten 20 Jahren ist offensichtlich, für alle Menschen fühlbar und feststellbar.
Als Grund für die Zunahme der Temperaturen sowie der Wetterextreme wird allgemein der „Klimawandel" verantwortlich gemacht, der in der allgemeinen öffentlichen Diskussion ursächlich insbesondere mit dem zunehmenden Spurengas Kohlenstoffdioxid (CO_2) in der Atmosphäre begründet und damit als menschengemacht dargestellt wird.

Als ein Ausweg aus dem vermeintlichen Klima-Dilemma wird unter anderem der Ausstieg aus „fossiler" Energie (Dekarbonisierung) gesehen. Neben der Photovoltaik wird insbesondere die massive Nutzung der Windenergie proklamiert, denn Wind scheint unerschöpflich, wenn er weht oder bläst, ist er einfach da. Energie zum Nulltarif?

Bei der Windenergienutzung wird die kinetische Energie strömender Luftmassen in elektrische Energie umgewandelt. Die weltweit kumulierte installierte Leistung liegt zurzeit bereits bei über 1000 GW.
Dieser massive Energieentzug beeinflusst die natürlichen Strömungen in eklatanter Weise! Welche Auswirkungen der massive Entzug von Energie aus dem troposphärischen System, auf das Strömungsverhalten und damit auf das mit dem Wind unmittelbar verbundene Wetter und Klima hat, wird von der offiziellen „Klimawissenschaft" weder hinterfragt noch untersucht.

Obwohl viele wesentliche Fragen zu den klimatischen Veränderungen ungeklärt sind, hat die Politik mit der Energie- und Wärmewende massive Umwandlungsprozesse mit gigantischen finanziellen Risiken angestoßen.

Das Buch
„Windwahn – Der Windwahn und seine klimatischen Konsequenzen"
von Manfred Brugger (im Novum-Verlag erschienen), befasst sich auf naturwissenschaftlicher Basis mit genau diesen Fragen.
Das in fünf Kapitel und 24 Punkte aufgeteilte Buch beschreibt in **Kapitel 1** detailliert den Aufbau der Atmosphäre sowie die physikalischen Größen Wärme und Temperatur.

Die Spurengase, das Kohlenstoffdioxid und der
Wasserdampf werden jeweils separat behandelt.
In der Kapitelzusammenfassung wird aufgezeigt, dass eine
Störung des Wasserkreislaufes um minus 2,5 % (eine
Zirkulation weniger) dazu führt, dass eine Energiemenge
von 32.000 Exajoule nicht mehr abgeführt wird. Zum
Vergleich: Der stündliche Energieeintrag von der Sonne auf
die Erde beträgt 438 Exajoule.

Kapitel 2 ist dem kosmischen System gewidmet. Hier
werden der Zusammenhang zwischen den Strömungen auf
der Erde und der Erddrehung sowie die Wetterzellen erklärt
und der Einfluss des Mondes beschrieben.
Ein interessantes Detail ist in der Wirkung des Mondes auf
die Gezeiten zu finden. Es wird aufgezeigt, dass die
Gezeiten nicht durch die Anziehungskraft des Mondes auf
das Wassers verursacht werden.
Vielmehr ist dies auf die kontinuierliche Verformung der Erde
mit Hebungen und Senkungen zurückzuführen. Wäre dem
nicht so, müsste sich auch das Wasser in den Wolken nach
dem Mond richten. [Anmerkung pfm: Physikalisch
gesprochen sind es die so genannten Quadrupolmomente
des Mondes und der Erde, die einen Zustand geringster
Energie anstreben.
Der Mond hat eine Form, die eher einer Zigarre als einer
Linse gleicht und verursacht damit die Flut sowohl auf der
mondzugewandten als auch auf der mondabgewandten
Seite der Erde.]

Kapitel 3 widmet sich dem Thema Menschheit und Energie.
Neben der massiven Zunahme der Weltbevölkerung in den
letzten Jahrzehnten wird der weitgehend auf fossilen
Energien basierende Primärenergieverbrauch sowie die
Entwicklung der Gebietsmitteltemperaturen näher
beleuchtet.

Auffällig hierbei ist, dass diese gemittelten Temperaturen besonders in Deutschland deutlich über den globalen Werten liegen.

Wind und Wetter sind die zentralen Punkte im **Kapitel 4.** Anhand diverser Beispiele wird der Zusammenhang zwischen Windenergieentzug und Wasserdampftransport aufgezeigt. Beispielhaft werden Auswirkungen im Raum Paderborn, in Wien und Deutschland dargestellt sowie auf weltweite Unwetterereignisse eingegangen.
Bei Letzteren besteht eine direkte Relation zur Windenergienutzung.
Nach Ansicht des Autors ist nicht mehr Wasser in der Atmosphäre, es ist lediglich die Verteilung gestört.
Es zeigt sich, dass der Transport des Wasserdampfes durch den Wind komplett vergessen oder unterschätzt wird, mit den Folgen der Bildung von Starkregen einerseits oder Dürren andererseits.

Im letzten Kapitel Sonne statt fossil kommt der Autor zum Schluss, dass der massive Eingriff das natürliche System durch Rückkopplungseffekte bereits jetzt stark aus dem Gleichgewicht gebracht hat und noch viel stärker bringen wird, wenn der Ausbau wie geplant so massiv fortschreiten sollte. Weltweit wird der Weg der Dekarbonisierung, insbesondere der Einstieg in die geplante Wasserstoffwirtschaft, wenn kein Wunder geschieht, eine Sackgasse bleiben.

Das Buch schließt mit einer politisch äußerst brisanten Schlussfolgerung für das Klima der Zukunft, wenn der Ausbau der Windenergie wie geplant weitergeht:

„Die am 24. April 2023 getroffene Übereinkunft der politischen Führungen von 9 Ländern, die
203

Offshore-Leistung in der Nordsee bis 2050 auf 300 GW zu erhöhen**, wird das Klima nicht schützen, sondern das Gegenteil eintreten: es **wird zum klimatischen Supergau kommen"

so die Ansicht des Autors.

Dies wird am Beispiel eines Windrades erläutert: Großwindräder, welche zwischenzeitlich errichtet werden, haben Rotordurchmesser zwischen 200 und 250 m und mehr. Sie überstreichen damit Flächen zwischen 30.000 und 50.000 m².
Energie kann nicht erzeugt, sondern nur umgewandelt werden. Windräder nutzen die kinetische Energie (Strömungsenergie) der Luftmassen und wandeln diese in elektrische Energie um.
Dadurch wird die Luftmasse abgebremst.

Bei einer Geschwindigkeitsreduktion von real angenommen 7 m/s passieren pro Sekunde rund 210.000 – 350.000 m³ weniger Luft die Anlage. Bei einem Wasserdampfgehalt von 10 g/m³ Luft (niedriger angenommener Wert) entspricht dies einer Strömungsstörung (Verteilungsströmung) von 2.100.000 g bzw. 3.500.000 g pro Sekunde. Dies entspricht Wassermengen von 2,1 -3,5 m³/s = 126 – 210 m³/min = 7.560 – 12.600 m³/h = 181.440 – 302.400 m³ pro Tag!! Und das ist nur eine einzige Anlage. In Deutschland stehen zwischenzeitlich knapp 30.000!

Das Geleitwort zum Buch von Dr. rer. nat. habil. Martin Bülow endet mit der Aussage:
Das Buch „Windwahn" wendet sich an all jene, ob jung oder alt, die sich für eine allgemein verständliche Beschreibung

der wissenschaftlichen Grundlagen und gesellschaftlichen Folgen des Klimawandels interessieren.
Es ist insbesondere für die heranwachsenden Generationen, denen eingeredet wird, sie seien die „Letzten", von Nutzen.
Es sollte zudem von jenen aufmerksam gelesen werden, die in Politik und Wirtschaft für das Wohl Deutschlands und anderer Länder verantwortlich sind.

Informationen zum Buch und zum Autor liefern die Internetseiten
https://buch.manfred-brugger.de und
https://manfred-brugger.de

Das Buch ist in gedruckter Form mit Hardcover in deutscher Sprache im Buchhandel sowie als E-Book in deutscher und englischer Sprache in den Bookstores sowie **bei Amazon erhältlich.**

Link hierzu:

https://www.amazon.de/dp/B0CVXPRNTV?
th=1&psc=1&linkCode=sl1&tag=tkpat-
21&linkId=63a9f9e6897c4b13bad9ddc11d96cafe&language
=de_DE&ref_=as_li_ss_tl

Weitere Studie zeigt wie Windräder der Gesundheit schaden

Link hierzu:
https://tkp.at/2024/10/27/weitere-studie-zeigt-wie-windraeder-der-gesundheit-schaden/
Autor: Dr. Peter F. Mayer

Windparks sind nicht nur schädlich für die Gesundheit, sie verschmutzen die Umwelt mit asbestartigem Müll, sorgen für Erderwärmung und produzieren sehr teuren Strom, da Backups benötigt werden.
Entgegen den Gesetzen der Physik wird behauptet sie würden „erneuerbare" Energie erzeugen.

Den Link hierzu finden Sie am Ende des Berichtes.

Bekannt ist bereits eine ganze Palette von Schadwirkungen der Windkraftanlagen. Es sind vor allem drei Faktoren, die zu den massiven Schäden führen.
Der erste Faktor sind Schallwellen und Schwingungen und zwar im unhörbaren **Infraschallbereich**.
Die Frequenz liegt unterhalb der Hörschwelle wird aber von Mensch und Tier auf weite Entfernungen gespürt.
Krankheiten sind die Folge.

Den Link hierzu finden Sie am Ende des Berichtes.

Der zweite Faktor sind Ablösungen von den Rotorblättern, die sich je nach Aufstellung unterschiedlich weit verbreiten können. Diese etwa 50 bis 90 Meter langen Flügel bestehen aus glasfaserverstärkten Kunststoffen und haben eine Nenn-Lebensdauer von etwa 10 Jahren.
Durch Sonne und die extrem hohen Geschwindigkeiten von

bis zu 400 km/h an den Flügelspitzen kommt es zur
Ablösung von mehr oder minder großen Teilen, wobei vor
allem der Glasfaser- und Carbonanteil für Tiere tödlich sein
kann.
Mehr dazu hat eine Gutachten von **Rechtsanwalt Thomas
Mock dargelegt.**

<u>**Den Link hierzu finden Sie am Ende des Berichtes**</u>.

Der dritte Faktor sind lokale oder regionale klimatische
Wirkungen, wie Temperaturerhöhungen und Veränderungen
der Druckverhältnisse in der Atmosphäre durch
Energieentzug.

Schädliche Auswirkungen auf Mensch, Tiere und Umwelt in
der Nähe von Windkraftanlagen sind mittlerweile gut
dokumentiert. Die massiven negativen Auswirkungen einer
Reihe von Windrädern auf einem **Bergkamm über der
Ortschaft Keramis** in Kreta haben in anderen Bereichen
der Insel die Bewohner dazu gebracht, die Errichtung
weiterer Windräder zu verhindern.
Dort ist die Umwelt durch die Windräder schwer geschädigt,
sie machen Menschen und Tiere krank und schädigen die
Landwirtschaft. Wild- und Nutztiere wurden krank oder
verenden sogar.

<u>**Den Link hierzu finden Sie am Ende des Berichtes.**</u>

TKP hat **über eine Studie berichtet,** wo Interviews mit
Menschen geführt wurden, die im Umkreis von 10 km von
Windkraftanlagen wohnen oder gewohnt und ihre Häuser
aufgegeben haben.
Ziel war es, die Beschreibungen der Teilnehmer über die
Auswirkungen in Bezug auf ihre Haustiere, Tiere und
Brunnenwasser zu untersuchen.

Gefunden wurden Missbildungen und Geburtsfehler bei Tieren, höhere Cortisolwerte auch bei Wildtieren, Aggressivität bei Tieren, höhere Krebsraten und kontaminierte Brunnen.

<u>Den Link hierzu finden Sie am Ende des Berichtes.</u>

Eine neue Studie setzt sich vertieft mit den Wirkungen von Infraschall auseinander, der von Politik und „Wissenschaftlern" wie Stefan Rahmstorf vom PIK immer wieder geleugnet werden.
Die begutachtete Studie der Fachärztin Dr. **Ursula Maria Bellut-Staeck** mit dem Titel
„Chronic Infrasound Impact is Suspected of Causing Irregular Information via Endothelial Mechano-transduction and Far-reaching Disturbance of Vascular Regulation in All Organisms"
(Chronische Infraschallbelastung steht im Verdacht, über die endotheliale Mechano-Transduktion irreguläre Informationen und weitreichende Störungen der Gefäßregulation in allen Organismen zu verursachen) erschien in **Medical Research and Its Applications Vol. 8.**

<u>Die Links hierzu finden Sie am Ende des Berichtes.</u>

Spannend finde ich die Einleitung im Abstract:

> „Berühmte Forscher haben den Zusammenhang zwischen Schwingung, Energie und Information schon lange erkannt.

> Insbesondere *Albert Einstein* und *Max Plank* klassifizierten alle Energieübertragungen als *Schwingungen*. Mit den aktuellen Erkenntnissen zur *endothelialen Mechanotransduktion* können
208

wir dem Verständnis der komplexen Regulation lebenswichtiger Funktionen durch mechanische Kräfte näher kommen.
Der ungestörte Ablauf lebenswichtiger Funktionen wie Wachstum, Blutdruckregulation, Entzündungsablauf und Embryogenese ist an die Abwesenheit von von außen übertragbaren Kräften *und die* endotheliale Integrität gebunden.“

Infraschall ist eine niederfrequente Schwingung
unterhalb des hörbaren Bereichs, der von 20 und 20.000 Hertz reicht. Sehr langwellige Schwingungen haben eine sehr hohe Reichweite und pflanzen sich durch verschiedene Medien sehr gut fort. So wird etwa mit getauchten Unterseebooten ebenfalls im extrem langwelligen Bereich Verbindung gehalten.

Antennen dafür finden sich meist an Küsten aber auf dem Land und nehmen Flächen von einigen Hektar ein.
Die Übertragung erfolgt zuerst durch den Boden und dann durchs Wasser.

Windräder rotieren relativ langsam. Bei Windverhältnissen wie sie etwa für Ende Oktober typisch sind, brauchen kleiner Modelle wie das E-138 EP3 von **Enercon** 3 bis 4 Sekunden für einen Umlauf und größere wie E.175 EP5 etwa 5 bis 7 Sekunden.
Die Geschwindigkeit an den Spitzen (Kreisumfang ist gleich D mal Pi, also 433 m bzw 550 m) bewegen sich bei 350 bis 400 kmh.

<u>**Den Link hierzu finden Sie am Ende des Berichtes.**</u>

Die Frequenz der Schwingungen der gesamten Anlage liegt je nach Größe und Gewicht bei 5 bis maximal 20 Hertz.

Diese sehr niedrigen Frequenzen pflanzen sich über den Boden 10 km und weiter fort. Der Turm steht auf einem riesigen Betonfundament, das die Schwingung zur Gänze an den Boden weiter gibt.

Wir erinnern uns an den Satz von der Erhaltung der Energie in der Physik: Energie kann weder erschaffen noch vernichtet werden, sondern wird immer in andere Arten umgewandelt, der Betrag bleibt aber erhalten.

Darum gibt es übrigens auch keine „erneuerbare" Energie, außer vielleicht auf einer Erde, die eine Scheibe ist und wo keine physikalischen Gesetze mehr gelten.

Der Infraschall wird also sowohl über die Luft als auch vor allem über die Erde übertragen und vom menschlichen Körper aufgenommen.

Die Studie fährt also fort die Wirrung der Schwingungen auf die Blutgefäße im menschlichen Körper zu beschreiben:

> „Die Erkennung verschiedener Endothelzellstrukturen *als Mechano-Sensoren* ist gleichzeitig wichtig für das Verständnis lebenswichtiger Regulationen. Die Endothelzelle selbst, die einem *viskoelastischen „Tensegrity-Modell"* entspricht, ist ein Mechano-Sensor, der sich *von Schlag zu Schlag* an die aktuellen Bedingungen im Blutfluss im Einklang mit der Wirkung verschiedener physikalischer Kräfte anpasst.

> Zahlreiche endotheliale Mechanosensoren sind identifiziert, wobei die bei allen Organismen – von Bakterien bis zu Säugetieren – konservierten Strukturen der PIEZO-Kanäle eine herausragend wichtige Rolle in zahlreichen Lebensprozessen spielen, deren Entschlüsselung noch lange nicht abgeschlossen ist."

Und es geht wiederum die Energieübertragung sogar bis ins Blut:

„Die vorliegenden Erkenntnisse werfen ein neues Licht auf die Bedeutung *niedriger Frequenzen*. Das endotheliale Zytoskelett, das jetzt als Tiefpassfilter identifiziert wurde, bietet die Möglichkeit zur *Mechano-Transduktion*. Es gibt starke Hinweise darauf, dass ein Teil der Energieübertragung niederfrequenter Schwingungen zu unregelmäßigen Informationen auf endothelialer Ebene wird, die die autochthone Steuerung der *Mikrozirkulation* beeinträchtigen.“

Wir erfahren jetzt auch den Grund für die in der zuerst erwähnten **Studie** beobachteten um 264 % höheren Cortisolwerte (Stress) bei Waldtieren:

„Neuere Studien bestätigen die Bedeutung eines Gleichgewichts des NO-Stoffwechsels durch eine synchronisierte Freisetzung *zur richtigen Zeit, am richtigen Ort und in der richtigen Menge*. Eine durch äußere Einflüsse verursachte Fehlinformation muss unweigerlich zu einem Anstieg des *oxidativen und oszillatorischen Stresses* führen, dem Hauptgrund für den Verlust der endothelialen Integrität bei Entzündungs-krankheiten wie Atherosklerose. Dies könnte auf die lange gesuchte pathophysio-logische Art und Weise hinweisen, in der *Infraschall* und *Vibrationen* auf zellulärer Ebene eine stressauslösende Wirkung ausüben können. Lärm exponierte Bürger, die in der Nähe von Infrastrukturen wie *Biogasanlagen, Wärmepumpen, Blockheizkraftwerken* und

211

größeren industriellen Windkraftanlagen (IWT) leben, zeigen weltweit vor allem eine mit Mikrozirkulationsstörungen verbundene Symptomatik."

Hier ist NO erwähnt. Warum ist das wichtig? Stickoxid (NO) erweitert bekanntlich die Gefäße, senkt somit hohen Blutdruck und verhindert die Blutzellen am Verklumpen. Kleiner Tipp wie man zu mehr NO im Blut kommt: **Arginin – ein natürliches Viagra, schreibt Dr. Ulrich Strunz.** Arginin, eine nicht-essentielle Aminosäure im Erwachsenenalter, ist für Heranwachsende, für Jugendliche essentiell. Dient als Vorläufermolekül für Stickoxid (NO),

<u>Den Link hierzu finden Sie am Ende des Berichtes.</u>

**Mir liegt ein kompletter Bericht zu Arginin vor, bei Interesse kann ich Ihnen diesen zusenden.
Schreiben Sie mir unter: traude-schubert@gmx.de**

Aber wieder zurück zum Infraschall:

„Marine Ökosysteme, aber auch Insekten, scheinen durch die zunehmenden Emissionen sehr niedriger Frequenzen besonders gefährdet zu sein.

Es gibt Hinweise auf die zunehmende Unverträglichkeit immer niedrigerer Frequenzen für alle Organismen und damit für die *gesamte biologische Vielfalt.“*

Der derzeit rapide vorangetriebene Ausbau von Windparks wird zu noch mehr Infraschall und damit zu langfristigen Schäden nicht nur bei Menschen sondern auch bei Haustieren, Nutztieren, Wildtieren und Insekten führen. Wo bleiben da WHO und EU mit ihrem One Health Ansatz? Wenn es um die Reduzierung von CO2 geht, ist Gesundheit egal.

Der angenehme Nebeneffekt von Windparks: Sie kurbeln den Verkauf von Blutdrucksenkern an. Auch für die Tiere wird die Veterinärmedizin pharmazeutischen Lösungen finden.
Eine echte Win-win-Situation. Zumindest für Pharma, nicht für die Menschen.

Hier die Links zu o.a. Bericht:

Seite 205:
https://tkp.at/2024/08/15/windkraft-und-fiese-fasern-fakten-von-ra-thomas-mock/
Den ganzen Bericht lesen Sie auf Seite 158.

https://tkp.at/2024/05/14/windraeder-unzuverlaessig-teuer-klima-veraendernd-und-gesundheitsschaedlich-durch-infraschall/
Den ganzen Bericht lesen Sie auf Seite 063.

https://tkp.at/2024/08/15/windkraft-und-fiese-fasern-fakten-von-ra-thomas-mock/
Den ganzen Bericht lesen Sie auf Seite 158.

Seite 206
https://tkp.at/2024/06/16/hitze-und-saharastaub-in-griechenland-und-die-rolle-von-windparks/
Den ganzen Bericht lesen Sie auf Seite 088.

Seite 207
https://tkp.at/2024/06/16/hitze-und-saharastaub-in-griechenland-und-die-rolle-von-windparks/
Den ganzen Bericht lesen Sie auf Seite 088.

https://www.linkedin.com/in/ursula-bellut-staeckwissenschaftk-07281b239/?originalSubdomain=de

https://stm.bookpi.org/MRIA-V8/article/view/15054

Seite 208
https://www.enercon.de/de

Seite 211
https://www.strunz.com/news/glueckliches-wien.html

So verursachen Windräder weniger Pflanzenwachstum und daher mehr CO2

Foto: Diliff, CC BY-SA 3.0, via Wikimedia Commons

Link hierzu:
https://tkp.at/2024/10/31/so-verursachen-windraeder-
weniger-pflanzenwachstum-und-daher-mehr-co2/

Autor: Dr. Peter F. Mayer

Eine neue Studie stellt fest, Windräder reduzieren im Umkreis von 7 Kilometern die Vegetation, die Energie, die Pflanzen über Photosynthese aufnehmen, die Blattmasse und die Fähigkeit zur Speicherung von CO2. Das kommt alles noch zu den anderen Umwelt- und Klimaveränderungen hinzu, für die Windparks verantwortlich sind.

Bekannt ist bereits eine ganze Palette von Schadwirkungen der Windkraftanlagen. Es sind vor allem drei Faktoren, die zu den massiven Schäden führen.

Der erste Faktor sind Schallwellen und Schwingungen und zwar im unhörbaren **Infraschallbereich**.
Die Frequenzen liegen unterhalb der Hörschwelle wird aber von Mensch und Tier auf weite Entfernungen gespürt. Krankheiten sind die Folge.

<u>**Den Link hierzu finden Sie am Ende des Berichtes.**</u>

Der zweite Faktor sind Ablösungen von den Rotorblättern, die sich je nach Aufstellung unterschiedlich weit verbreiten können. Diese etwa 50 bis 90 Meter langen Flügel bestehen aus glasfaserverstärkten Kunststoffen und haben eine Nenn-Lebensdauer von etwa 10 Jahren.
Durch Sonne und die extrem hohen Geschwindigkeiten von bis zu 400 km/h an den Flügelspitzen kommt es zur Ablösung von mehr oder minder großen Teilen, wobei vor allem der Glasfaser- und Carbonanteil für Tiere tödlich sein kann. Mehr dazu hat ein Gutachten von **Rechtsanwalt Thomas Mock dargelegt.**

Der dritte Faktor sind lokale oder regionale **klimatische Wirkungen,** wie Temperaturerhöhungen und Veränderungen der Druckverhältnisse in der Atmosphäre durch Energieentzug.

<u>**Die Links hierzu finden Sie am Ende des Berichtes.**</u>

Aber es gibt eben noch einen **vierten Faktor,** der nun zweifelsfrei in einer groß angelegten Untersuchung belegt werden konnte. Die Studie von Li Gao et al mit dem Titel
„The impact of wind energy on plant biomass production in China"
(Der Einfluss der Windenergie auf die Produktion pflanzlicher Biomasse in China) lief 22 Jahre und beobachtete bei 2404 Windparks und 108.361 Windrädern

deren die Auswirkungen auf Umwelt und Vegetation.

<u>Den Link hierzu finden Sie am Ende des Berichtes.</u>

Die Forscher weisen in der Zusammenfassung darauf hin, dass „der weltweite Ausbau der Windenergie Anlass zur Sorge über seine möglichen Auswirkungen auf die pflanzliche Biomasseproduktion (PBP) gibt. Und tatsächlich wurde genau das in der sehr penibel durchgeführten Studie festgestellt.
Man fand „eine signifikante Verringerung der PBP durch den Bau von Windparks … innerhalb eines Bereichs von 1-10 km".

Aber das war noch nicht alles, denn in „ähnlicher Weise sinken die absorbierte photosynthetisch aktive Strahlung und die Bruttoprimärproduktivität innerhalb eines Bereichs von 1-7 km".

> „Die nachteiligen Auswirkungen halten über drei Jahre an, verstärken sich im Sommer und Herbst und sind in niedrigeren Höhenlagen und im Flachland stärker ausgeprägt."

Die logische Folge ist eine Reduktion der CO2-Aufnahme der Pflanzen – und damit wird wieder die Absurdität des Windwahns klar. „Die Kohlenstoffsenken der Wälder nehmen in einem Radius von 0-20 km um 12.034 Tonnen ab, was einen durchschnittlichen wirtschaftlichen Verlust von 1,81 Millionen Dollar pro Windpark verursacht."

Nochmal ganz langsam wie die Studie die Absurdität der Windparks zeigt:

1. Windparks reduzieren im Umkreis von bis zu 20 Kilometern die Vegetation;

2. diese Reduktion der Vegetation geht mit einer merklichen Zunahme der Erwärmung durch die Strahlungsenergie einher, die normalerweise per Photosynthese von Pflanzen absorbiert wird;

3. weniger Pflanzenmasse bedeutet geringere Menge an gespeicherten CO2 das daher in der Atmosphäre verbleibt.

Verteilung der Windparks in China.
Die Punkte (hell bis dunkel) stehen für Windparks, die in verschiedenen Jahren installiert wurden.
Die braune Kurve zeigt die Verwaltungsgrenze der Stadt an.
Die Abbildung zeigt insgesamt 2.404 Windparks aus dem Originaldatensatz, wobei das früheste Installationsdatum im Jahr 1994 und das späteste im Jahr 2021 liegt.

In einem Gitternetz mit 2km*2km Kantenlänge wurden eine Vielzahl von Daten gesammelt, aus denen die Verbreitung von Biomasse errechnet wurde.

Die Studie ist offenbar sehr sorgfältig gemacht und stützt andere Studien, über die **TKP berichtet hat** bezüglich der Temperaturerhöhung um 0,72 Grad pro Dekade in der Region der Windanalgen.

<u>Den Link hierzu finden Sie am Ende des Berichtes.</u>

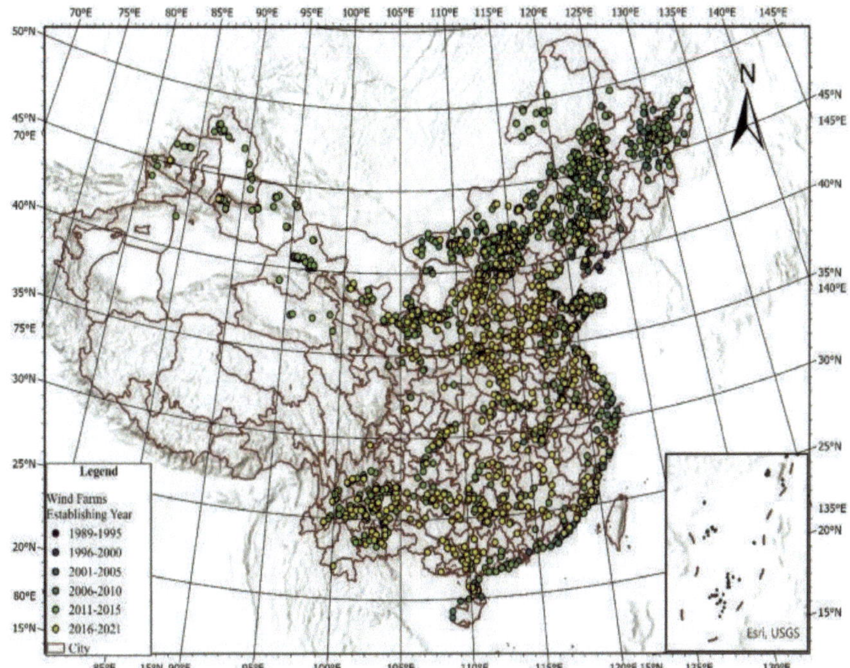

Zu dem Thema sei noch besonders auf das Buch

Windwahn: Der Windwahn und seine klimatischen Konsequenzen
verwiesen, das hier einer Rezension besprochen wurde.

<u>Den Link hierzu finden Sie am Ende des Berichtes.</u>

<u>Hier die Links zu o.a. Bericht:</u>

Seite 214
https://tkp.at/2024/10/27/weitere-studie-zeigt-wie-windraeder-der-gesundheit-schaden/
Den ganzen Bericht lesen Sie auf Seite 206.

Seite 214:
https://tkp.at/2024/08/15/windkraft-und-fiese-fasern
-fakten-von-ra-thomas-mock/
Den ganzen Bericht lesen Sie auf Seite 158.

https://tkp.at/2024/06/16/hitze-und-saharastaub-in-
griechenland-und-die-rolle-von-windparks/
Den ganzen Bericht lesen Sie auf Seite 088.

Seite 216
https://www.nature.com/articles/s41598-023-49650-9

Seite 217
https://tkp.at/2024/06/30/texas-erwaermung-um-072-grad-
pro-jahrzehnt-durch-windparks/
Den ganzen Bericht lesen Sie auf Seite 115.

Seite 218
https://www.amazon.de/Windwahn-seine-klimatischen-
Konsequenzen/dp/3991303949?__mk_de_DE=%C3%85M
%C3%85%C5%BD
%C3%95%C3%91&crid=22RE95VXAZYUN&dib=eyJ2IjoiM
SJ9.2-uT-ZFEr2y5g4NhW3-
N4U0T0UOdJwyIOB7nbkepngPGjHj071QN20LucGBJIEps.
OuYVoIQi4EwJQyRhcmkVNVbWvhtrst9VDL10J-
PdIfU&dib_tag=se&keywords=Windwahn&qid=1730389547
&s=books&sprefix=windwahn,stripbooks,638&sr=1-
1&linkCode=sl1&tag=tkpat-
21&linkId=deac95007402163828cd033f04ae1319&language
=de_DE&ref_=as_li_ss_tl

Studie weist nach:
Massive Waldschäden durch Windparks

Link hierzu:
https://tkp.at/2024/11/05/studie-weist-nach-massive-waldschaeden-durch-windparks/

Autor: Dr. Peter F. Mayer

Windräder verursachen umfangreiche Schäden für Menschen, Fauna und Flora. Insbesondere der Bau in Waldgebieten ruft großflächige Schäden an Bäumen und Böden hervor.
Es kommt zur Abnahme der Belaubung und zu Bodenerosion sowohl durch den Bau benötigter Straßen als auch durch den Betrieb.
„Grüne" Energie, die die Erde weniger grün macht.

Eine über 22 Jahre laufende **Studie in China hatte gezeigt,** dass Windräder zu einer erheblichen Reduktion der Biomasseproduktion führt.
Zu einem ähnlichen Ergebnis kommt eine große Studie an sechs globalen Standorten für die Reduktion der Belaubung in Waldgebieten.
Der Straßenbau ist der wichtigste Faktor für die Beeinträchtigung der Wälder. Es kommt durch Bau und Betrieb zu einer erheblichen Verringerung der Vegetationsdecke und in der Folge zu Bodenerosion, das langfristige negative Auswirkungen auf die Waldbedeckung hat.
Die Studie kommt auf eine durchschnittliche Waldstörungsintensität durch Windparks von 4,3 Hektar pro installiertem Megawatt.

<u>Den Link hierzu finden Sie am Ende des Berichtes.</u>

Die Studie von Zilong Xia et al mit dem Titel „*Assessment of forest disturbance and soil erosion in wind farm project using satellite observations*" (Bewertung von Waldbeeinträchtigungen und Bodenerosion bei Windparkprojekten anhand von Satellitenbeobachtungen) **erschien am 27.9.2024 in ScienceDirect.**

<u>Den Link hierzu finden Sie am Ende des Berichtes.</u>

Zu den für die Erhebung ausgewählten Untersuchungs-gebieten gehören „China, die Vereinigten Staaten, Kanada, Schweden und das Vereinigte Königreich, die bei den Investitionen in die Windenergie führend sind.

Ab 2021 übersteigt die kumulierte installierte Windenergiekapazität in jedem der fünf ausgewählten Länder 12.000 MW, was ihnen einen Platz unter den elf führenden Ländern weltweit sichert. Insbesondere China und die Vereinigten Staaten nehmen mit einer installierten Kapazität von 346.670 MW bzw. 134.846 MW den ersten und zweiten Platz weltweit ein."

Es sind auch die Länder mit dem höchsten Anteil von Windkraftnutzung in bewaldeten Regionen.

Was bei Bau und Betrieb von Windrädern in bewaldeten Regionen passiert beschreiben die Autoren so:
„Der Bau von Windparks führt unweigerlich zu negativen Auswirkungen auf Waldökosysteme. Für die Errichtung von Windparks wird Platz benötigt, um die Windturbinen und die für die Installation erforderliche Ausrüstung unterzubringen.

„Um die Rauheit des Waldes in der Nähe der Windturbinen

abzuschwächen und Waldrandeffekte zu vermeiden, werden
von den Projektentwicklern in der Regel genügend Bäume
gefällt, um die jährliche Stromerzeugung zu erhöhen und die
Lebensdauer der Windturbinen zu verlängern.

„Der Bau von Zufahrtsstraßen ist ebenfalls ein wichtiger
Faktor, der zur Fällung von Bäumen beiträgt. Wenn ein
bestimmter Abstand zwischen den Windturbinen eingehalten
wird, um die Stromerzeugung zu verbessern, wird die Länge
der Straßen zwischen den Turbinen unbeabsichtigt
verlängert, was zu einer größeren Störung des Waldes führt.

„Groß angelegte Bauprojekte führen zu einer Fragmen-
tierung der Wälder und damit zu Lebensraumverlust,
Degradierung und Vertreibung von Wildtieren.
Der Rückgang der Waldbedeckung in der Nähe von
Windturbinen steht in engem Zusammenhang mit dem
beobachteten Rückgang der Dichte der Waldarten.
Außerdem ist der Boden durch den Rückgang der
Waldbedeckung starken Winden und Regenfällen
ausgesetzt, was die Bodenerosion verstärkt.“

Für die Untersuchung der Veränderung der Vegetation wird
der „Normalized Difference Vegetation Index“ (NDVI)
verwendet. Liegt der NDVI-Wert nahe bei +1, handelt es sich
mit hoher Wahrscheinlichkeit um dichtes Laub liegt er nahe
bei Null, gibt es wahrscheinlich keine grünen Blätter.

Die Verringerung der Belaubung wird mit einer Reduktion
des NVDI von 0,03 bis 0,33 angegeben, die Belaubung kann
also um ein Drittel weniger werden.
Lauterbach hatte kürzlich beim Besuch der G20 Konferenz
der Gesundheitsminister in Brasilien auf Twitter die
Erhaltung der Wälder eingefordert. Allerdings hatte er dabei
nicht den Bau von Windparks in Wäldern kritisiert.

Auch die Bodenerosion scheint ziemlich dramatisch zu sein: „Nach der Errichtung von Windparks nahm die Vegetationsbedeckung ab, was zu einem unterschiedlich starken Anstieg der jährlichen Bruttoerosion in den Einflusszonen von sechs Regionen führte."

Die untersuchte Region in China „verzeichnete den deutlichsten Anstieg der gesamten Bodenerosion mit einer jährlichen Zunahme von 353.261 Tonnen, was dem 92-fachen des Niveaus vor dem Einsatz entspricht."

In allen Regionen führte der Bau von Windparkstraßen im Vergleich zum Bau von Windturbinen zu einer höheren Gesamterosion des Bodens, im Durchschnitt um das 2-7fache. Was das Ausmaß der Auswirkungen betrifft, so reicht die Zunahme der durchschnittlichen Bodenerosion pro Flächeneinheit aufgrund des Straßenbaus von 24,74 bis 274,33 Tonnen pro Hektar und Jahr, während sie beim Bau von Windkraftanlagen von 26,52 bis 263,46 Tonnen pro Hektar und Jahr reicht.

Die logische Folge der reduzierten Bewaldung und Biomasseproduktion ist eine Reduktion der CO2-Aufnahme durch Pflanzen – und damit wird wieder die Absurdität des Windwahns klar.

In dem untersuchten Gebiet in Schottland wurden bisher übrigens 16 Millionen Bäume gefällt, wie TKP hier berichtete.
Den Link hierzu finden Sie am Ende des Berichtes.

Zu dem Thema sei noch besonders auf das Buch **Windwahn: Der Windwahn und seine klimatischen Konsequenzen** verwiesen, das hier einer Rezension besprochen wurde.

<u>Den Link hierzu finden Sie am Ende des Berichtes.</u>

<u>Hier die Links zu o.a. Bericht:</u>

Seite 221
https://tkp.at/2024/10/31/so-verursachen-windraeder-
weniger-pflanzenwachstum-und-daher-mehr-co2/
Den ganzen Bericht lesen Sie auf Seite 215.

https://www.sciencedirect.com/science/article/abs/pii/
S0921344924005275

Seite 223
https://tkp.at/2023/07/20/16-millionen-baeume-fuer-
schottische-windparks-gerodet/

https://www.amazon.de/Windwahn-seine-klimatischen-
Konsequenzen/dp/3991303949?__mk_de_DE=%C3%85M
%C3%85%C5%BD
%C3%95%C3%91&crid=22RE95VXAZYUN&dib=eyJ2IjoiM
SJ9.2-uT-ZFEr2y5g4NhW3-
N4U0T0UOdJwyIOB7nbkepngPGjHj071QN20LucGBJIEps.
OuYVoIQi4EwJQyRhcmkVNVbWvhtrst9VDL10J-
PdIfU&dib_tag=se&keywords=Windwahn&qid=1730389547
&s=books&sprefix=windwahn,stripbooks,638&sr=1-
1&linkCode=sl1&tag=tkpat-
21&linkId=deac95007402163828cd033f04ae1319&language
=de_DE&ref_=as_li_ss_tl

Nutzen und Gefahren der Windkraft

Link hierzu:
https://tkp.at/2024/11/07/nutzen-und-gefahren-der-windkraft/

Autor: Dr. Peter F. Mayer

Der Ausbau der Windkraft hat weltweit immer mehr Fahrt aufgenommen, allein in Europa sind es schon deutlich mehr als 220.000 Installationen an Land. Auch auf den Meeren rundum werden immer mehr Offshore-Anlagen gebaut.
Zeit Bilanz zu ziehen über Nutzen und Gefahren.

Beginnen wir mit dem Nutzen. Windkraft liefert Strom und das nicht nur bei Tag und im Sommer. Es ist also in dieser Hinsicht dem Solarstrom deutlich überlegen. Dennoch, auch der Wind ist unzuverlässig, während Industrie, Verkehr und Haushalte eine zuverlässige Versorgung benötigen. Fachleute bezeichnen Strom aus diesen Quellen als **„Flatterstrom" oder „Zappelstrom".**

Um Netzstabilität zu erreichen und Blackouts zu verhindern, darf diese unzuverlässige Art der Stromversorgung 10% der gesamten Produktion nicht übersteigen.

Den Link hierzu finden Sie am Ende des Berichtes.

Kann Windkraft grün sein?

Diese Frage haben zwei große Studien kürzlich nachhaltig verneint. Eine im September 2024 veröffentlichte **Studie zeigte,** dass die Aufstellung von Windrädern in Waldgebieten die Belaubung um bis zu ein Drittel reduziert. Dazu kommt eine Bodenerosion, die Hunderttausende von Tonnen Erde aus dem Waldboden entfernen kann.
Damit sind langfristige Waldschäden und weitere Reduktion der Begrünung garantiert.

Den Link hierzu finden Sie am Ende des Berichtes.

Eine über 22 Jahre laufende **Studie in China hatte gezeigt,** dass Windräder zu einer erheblichen Reduktion der Biomasseproduktion führt. Die Ergebnisse der Untersuchungen und Messungen sind negativ für die Umwelt.
Den Link hierzu finden Sie am Ende des Berichtes.

Windparks reduzieren im Umkreis von bis zu 20 Kilometern die Vegetation. Diese Reduktion der Vegetation geht mit einer merklichen Zunahme der Erwärmung durch die 6Strahlungsenergie einher, die normalerweise per Photosynthese von Pflanzen absorbiert wird.
Und letztlich speichert eine geringere Pflanzenmasse eine kleinere Menge an CO2 – und CO2 zu reduzieren wäre ja eines der Ziele der Nutzung von Windkraft.

Windparks produzieren also das genaue Gegenteil von „grüner" Energie, sie reduzieren die Biomasseproduktion und Begrünung.

Klimatische Folgen der Windparks

Wir kommen nochmals auf das Thema der „erneuerbaren" Energie zurück. Von den Windrädern wird Energie in Form von Strom abgeleitet, die der Luftströmung entnommen wurde. Das führt zu einer Reduzierung des Luftdrucks und der Windgeschwindigkeit. Das muss selbstverständlich Auswirkungen auf Wetter und Klima haben.

Einige Studien haben nun gezeigt, dass es zu regionalen Klimaerwärmungen kommt. Eine **Studie in Texas,** wo sehr große Windparks schon Anfang des vorigen Jahrzehnts in Betrieb waren, wurde eine Temperaturerhöhung von 0,72 Grad pro Jahrzehnt gefunden.

<u>Den Link hierzu finden Sie am Ende des Berichtes.</u>

Das Ergebnis aus Texas stimmt interessanterweise mit einer **Untersuchung im Burgenland** überein, wo die Messdaten einer Station in Eisenstadt eine Erhöhung der Lufttemperatur nach Errichtung der großen Windparks um just den selben Wert von 0,72 Grad pro Jahrzehnt ergeben hat.

Eine weitere **Studie** entwickelte ein Klimamodell, das zeigt, dass groß angelegte Wind- und Solarparks in der Sahara zu Erhöhung der Temperatur führt, sowie Regen und Vegetation verstärken.

Wetterphänomene wie die verstärkte Verfrachtung von Saharasand nach Europa könnten auch eine Folge sein des massiven Ausbaus von Windkraft in Europa und vor seinen Küsten, wie **diese Studie** nahelegt.   228

<u>Die Links hierzu finden Sie am Ende des Berichtes.</u>

Schäden für die Umwelt

Trotz der krebserregenden „fiesen Fasern", die in etwa so schädlich sind wie Asbest, schweigen die Medien meist, „Experten" leugnen jegliche Probleme.
Über eine bis jetzt nicht ansatzweise bewusst gewordene Gefahr für Mensch, Tier und Umwelt, die von den Rotorblättern ausgeht.
Die Flügelspitzen bewegen sich mit Geschwindigkeiten von bis zu 400 km/h im Kreis. Sie sind damit starken Belastungen ausgesetzt und der Abrieb kontaminiert große Flächen von 1000 Metern im Umkreis.

Ein Bericht über Feuerschäden bei Windturbinen erläutert, dass bei Beschädigung des Rotorblatts neben scharfkantigen größeren Bruchstücken auch feinste, lungengängige Faserstäube von Glasfasern oder Carbonfasern freigesetzt werden, sogenannte *Fiese Fasern*, die über Haut und Lunge in den Organismus von Menschen und Tieren eindringen können.

<u>Den Link hierzu finden Sie am Ende des Berichtes.</u>

„Fiese Fasern" sind, wie ihr Name bereits andeutet, eine Gefahr für Leib und Leben. Damit sind eine Reihe von Verbundwerkstoffen aus Glasfasern, Balsaholz und Stahlelementen gemeint, die mit Epoxidharzen (GFK) verklebt werden. In den aktuellen Windturbinen werden mittlerweile zunehmend mit **Kohlenstofffasern verstärkte Kunststoffe oder „CFK"** eingesetzt, da diese ähnlich stabil, aber eben auch leichter sind.

<u>Den Link hierzu finden Sie am Ende des Berichtes.</u>

Ungeachtet einiger Vorteile (Gewichtsreduktion bei ähnlicher Belastbarkeit wie Stahl), enthalten diese GFK und CFK eine Reihe gefährlicher Chemikalien, u.a. **Bisphenol-A,** das aufgrund seiner hohen Toxizität, den Hormonhaushalt verändernden und krebserregenden Eigenschaften schon länger als problematisch angesehen wird.
Die European Chemicals Agency hat Bisphenol A 2017 als „besonders besorgniserregenden Stoff" eingestuft.

<u>Den Link hierzu finden Sie am Ende des Berichtes.</u>

Die Wirkung dieser Fasern und von Bruchteilen davon hat die Weltgesundheitsorganisation (WHO) als ähnlich krebserregend wie Asbest eingeschätzt.

Dem nordrhein-westfälischen Landtag wurde durch Rechtsanwalt Thomas Mock **ein Gutachten vorgelegt** das im Auftrag der **Gesellschaft für Fortschritt in Freiheit e.V.** erstellt wurde. Darin werden die gesundheitlichen Gefahren dargelegt, die generell von Mikropartikeln durch Abrieb bei den Windrotoren ausgehen, die sowohl Anwohner in Eigentum und Gesundheit betreffen, wie auch Gebiete, in denen Nahrungsmittel angebaut werden.
Jahrzehntelanger Betrieb verursacht eine signifikante kontinuierlich zunehmende Kontamination durch diverse Mikropartikel.

<u>Die Links hierzu finden Sie am Ende des Berichtes.</u>

Sie können diese PDF-Datei auch direkt bei mir anfordern: traude-schubert@gmx.de

Der Betrieb von Windanlagen kann aufgrund des natürlichen und unvermeidlichen Abriebs/Erosion/Delamination von toxischen Mikropartikeln von Rotoroberflächen signifikante Gesundheitsschäden verursachen.
Damit wird der Betrieb durch solche toxischen und schädlichen Partikeleinträge unverhältnismäßig und unzumutbar für die Umwelt und Menschen in der Nähe und es wird einen landwirtschaftlichen Betrieb in seiner Existenz gefährden.

Dabei ist angesichts der großen Flächen heutiger Rotoren und eines üblichen durchschnittlichen aber unvermeidlichen Abriebs von Mikropartikeln in allen Größen und der Lebenszeit von Rotoren bereits von einer signifikanten Menge an Mikropartikeln auszugehen.

Sie gehen aufgrund ihrer Winzigkeit in die Hunderttausende, wenn nicht Millionen Partikel. Standorte in Anbaugebieten für Lebensmittel bzw. landwirtschaftlich genutzte Flächen sollten damit für Windräder gar nicht mehr in Frage kommen.

Es sind jedoch bereits Zehntausende Quadratkilometer von landwirtschaftlich genutzten Flächen durch die dort aufgestellten Windräder kontaminiert worden. Wird dieses Problem einmal erkannt, so kann es sein, dass die weitere landwirtschaftliche Nutzung untersagt werden muss. Und das kann katastrophale Folgen für die Nahrungsmittelversorgung der Menschen haben, oder hat es bereits durch bisher unerkannte gesundheitliche Schäden.

Direkte gesundheitliche Schäden

In **einer Studie** wurden die Probleme und Schäden bei

Menschen erhoben, die direkt in der Nahe von Windrädern wohnen oder gewohnt haben und Wohnsitz wechseln mussten.
<u>Den Link hierzu finden Sie am Ende des Berichtes.</u>

Die Untersuchungen haben eine ganze Reihe von Schäden dokumentiert. Beispiele hierfür sind:

- Missbildungen der Gliedmaßen bei Pferden

- Geburtsfehler (mit fehlenden Augen und Schwänzen geboren) bei Rindern, Hühner, die mit gekreuzten Schnäbeln geboren werden

- 264 % höhere Cortisolwerte (Stress) bei Waldtieren

- erhöhte Aggressivität und unberechenbares Verhalten bei Haus- und Nutztieren (z. B. das Treten neugeborener Kälber)

- höhere Krebsraten

- Totgeburten und Fehlgeburten, Rückgang der Fruchtbarkeit, Geburten mit Prolaps

- kontaminierte, graue Wasserbrunnen mit 14.000-fach höherem Gehalt an Schwarzschiefer

Ein weiteres großes Thema ist die Gesundheitsgefährdung durch Infraschall. Eine **neue Studie** setzt sich vertieft mit den Wirkungen von Infraschall auseinander.
Infraschall ist eine niederfrequente Schwingung unterhalb des hörbaren Bereichs, der von 20 und 20.000 Hertz reicht.

Sehr langwellige Schwingungen haben eine sehr hohe

Reichweite und pflanzen sich durch verschiedene Medien sehr gut fort. So wird etwa mit getauchten Unterseebooten ebenfalls im extrem langwelligen Bereich Verbindung gehalten.
Den Link hierzu finden Sie am Ende des Berichtes.

Infraschall pflanzt sich auch im Wasser sehr weit fort und schädigt vor allem Meeressäugetiere wie Wale oder Delphine. Wohl deshalb hat Florida Offshore-Windparks vor seinen Küsten per Gesetz verboten, wie Gouverneur **Ron DeSantis mitteilte.**

Den Link hierzu finden Sie am Ende des Berichtes.

Auch bei Menschen bietet das „*endotheliale Zytoskelett, das jetzt als Tiefpassfilter identifiziert wurde, … die Möglichkeit zur Mechano-Transduktion.*"
Das kann „*zu einem Anstieg des oxidativen und oszillatorischen Stresses führen, dem Hauptgrund für den Verlust der endothelialen Integrität bei Entzündungs-krankheiten wie Atherosklerose.*
Dies könnte auf die lange gesuchte pathophysiologische Art und Weise hinweisen, in der Infraschall und Vibrationen auf zellulärer Ebene eine stressauslösende Wirkung ausüben können. Lärmexponierte Bürger, die in der Nähe von Infrastrukturen wie Biogasanlagen, Wärmepumpen, Blockheizkraftwerken und größeren industriellen Windkraftanlagen (IWT) leben, zeigen weltweit vor allem eine mit Mikrozirkulationsstörungen verbundene Symptomatik."

Das ist also die nicht ganz einfache aber wissenschaftlich korrekte Erklärung für einen weiteren Teil der gesundheitlichen Schäden durch Infraschall von Windrädern, der sich über mindestens 10 Kilometer

Entfernung schädlich auf die Gesundheit von Menschen auswirkt.

Abgesehen von Walen und Delphinen scheinen marine Ökosysteme generell, aber auch Insekten, durch die zunehmenden Emissionen sehr niedriger Frequenzen besonders gefährdet zu sein.

Kosten und Entsorgung

Der Bau von Windanlagen wird zum großen Teil noch immer staatlich gefördert. Je mehr Windparks es gibt, umso teurer wird der Strom. Um Blackouts zu verhindern muss bei steigendem Anteil immer mehr in Speichermöglichkeiten oder Ersatzkraftwerke investiert werden. Diese liefern aber extrem teuren Strom, da Anschaffung und Betrieb auf wesentlich weniger ausgelieferte Gigawatt umgelegt werden muss, als bei Dauerbetrieb.

Ein riesiges Problem ist die Entsorgung. Die Verbundwerkstoffe sind durch ihre Anteile an Glasfasern und Carbonfasern nur extrem aufwändig und teurer recycelbar. Deshalb geht man den derzeit den Weg sie in Deponien zu lagern, was wiederum Gefahren für Umwelt, Tiere und Menschen bedeutet.

Fazit: Windkraft hat nur geringen Nutzen aber ein riesiges und vielfältiges Schadpotenzial.

<u>Hier die Links zu o.a. Bericht:</u>

Seite 226
https://www.welt.de/wirtschaft/article126902756/
Flatterstrom-gefaehrdet-Stabilitaet-der-Netze.html

https://www.sciencedirect.com/science/article/abs/pii/S0921344924005275
https://www.nature.com/articles/s41598-023-49650-9

Seite 227
https://www.nature.com/articles/nclimate1505

https://www.energiedetektiv.com/

https://www.science.org/doi/10.1126/science.aar5629

Seite 228
https://paz.de/artikel/die-unterschaetzte-gefahr-der-rotorblaetter-a8023.html

Seite 229
https://de.wikipedia.org/wiki/Kohlenstofffaserverst%C3%A4rkter_Kunststoff

https://de.wikipedia.org/wiki/Bisphenol_A

https://www.landtag.nrw.de/portal/WWW/dokumentenarchiv/Dokument/MMST18-292.pdf

https://fortschrittinfreiheit.de/

Seite 231
https://journals.lww.com/endi/fulltext/2024/09010/wind_turbines__vacated_abandoned_homes_study__.1.aspx

Seite 232
https://stm.bookpi.org/MRIA-V8/article/view/15054

https://x.com/GovRonDeSantis/status/1790820306157703505?ref_src=twsrc%5Etfw%7Ctwcamp%5Etweetembed

%7Ctwterm%5E1790820306157703505%7Ctwgr%5E60ebe16d10f2b29a5f7b0b23ca0a2b0430b06aa3%7Ctwcon%5Es1_&ref_url=https%3A%2F%2Ftkp.at%2F2024%2F05%2F24%2Fflorida-verbietet-offshore-windparks-und-wendet-sich-gegen-maer-von-menschengemachter-erderwaermung%2F

Mehrheit gegen Windräder bei Referendum in Kärnten

Zunächst war ein Teil eines Flügels der Windkraftanlage abgebrochen – später knickte die gesamte Anlage um und stürzte auf den abgeernteten Rapsschlag darunter. (Bildquelle: picture alliance/dpa | Jens Büttner)

Link hierzu:
https://tkp.at/2025/01/14/mehrheit-gegen-windraeder-bei-referendum-in-kaernten/

Autor: Dr. Peter F. Mayer

Ein politisches Novum für die EU konnten die FPÖ und Team Kärnten erreichen: Die Bürger haben über die Aufstellung von Windrädern entschieden und damit indirekt über die „Energiewende".
Und sie lehnten ab, zu schwerwiegend sind die Argumente dagegen.

51,55 Prozent haben am Sonntag bei einer Volksbefragung

für das Verbot von Windrädern in Kärnten gestimmt, 48,45 Prozent dagegen.
Die Wahlbeteiligung lag bei 34,88 Prozent. 427.323 Kärntner ab 16 Jahren waren wahlberechtigt.
Gegen Windkraft stimmten 76.527, dafür 71.935.
Die Ergebnisse sind noch vorläufig, das endgültige Ergebnis wird die Wahlbehörde am 22. Jänner bekannt geben.
Das Ergebnis der Befragung ist für die Politik rechtlich nicht bindend.

Interessant sind die lokalen Ergebnisse. In sieben Gemeinden wurden bereits Windräder installiert oder sind geplant. Und die Erfahrung damit hat zu massiver Ablehnung geführt:

- Preitenegg: 67,8 für das Verbot, 32,2 dagegen
- Hüttenberg: 67,7 Prozent für das Verbot, 32,3 Prozent dagegen.
- Reichenfels: 61,5 für das Verbot, 38,5 dagegen.
- Metnitz: 57,7 Prozent gegen Windkraft, 42,3 Prozent dafür.
- Friesach: 56,2 Prozent für das Verbot, 43,8 dagegen.
- St. Georgen/Lavanttal: 54,3 Prozent für das Verbot, 45,7 Prozent dagegen.
- Lavamünd: 50,2 Prozent für das Verbot, 49,8 dagegen.

TKP hat mehrfach über die Gefahren und Schäden durch Windräder für Menschen berichtet. Eine Zusammenfassung wurde vor der Kärntner Abstimmung **hier veröffentlicht.**

<u>Den Link hierzu finden Sie am Ende des Berichtes.</u>

Etwas anders gepolt sind die Bewohner von Städten, Klagenfurt stimmten 63,1 Prozent für die Windkraft, in Villach 52,6 Prozent.   238

Etwas anders gepolt sind die Bewohner von Städten, Klagenfurt stimmten 63,1 Prozent für die Windkraft, in Villach 52,6 Prozent.

Erste Reaktionen dazu kamen etwa von der FPÖ. FPÖ-Landesparteiobmann Erwin Angerer fordert ein Gesetz gegen weitere Windräder im Verfassungsrang, dazu ist aber eine Zweidrittelmehrheit im Landtag nötig. Er erwarte nun keine weiteren Windräder in Kärnten und dass das vor allem gesetzlich, nicht nur mit einer Verordnung, sondern auch im Verfassungsrang abgesichert werde.

Der FPÖ Politiker Gerald Hauser kommentiert das Ergebnis so:
> Eine Mehrheit von 51,4 % hat sich zum „Ja zum Schutz der Kärtner Berge und Almen" und damit gegen die Windkraft ausgesprochen!! Ich gratuliere auch dem engagierten „Demo Team Spittal" rund um Martin Schneider, mein Freund, „Kärnten geht in die Offensive" mit Charly Polanig und Blacky und der FPÖ Kärnten zum großartigen Erfolg.
> Man sieht, die Macht kann doch vom Volke ausgehen, gegen das desolate System!!!
> Hoffnung kommt auf!

In Bundesländern wie Niederösterreich läuft es etwa anders mit über 800 Windrädern (797 per Ende 2023).
An Bau und Betrieb verdienen viele mit, die mit der **Landespolitik enge Verbindungen** haben.
Gefahr droht dabei durch die überwiegende Aufstellung inmitten von landwirtschaftlich genutzten Flächen.
Die Windräder sorgen durch Abrieb von den Rotorblättern durch laufende Kontamination der Böden mit Asbest-

ähnlichen GFK (Glas-Faser verstärkten Kunststoffen) oder CFK (Carbon-Faser verstärkten Kunststoffen).

Den Link hierzu finden Sie unten.

Hier die Links zu o.a. Bericht:

Seite 237
https://tkp.at/2025/01/10/zum-kaerntner-windpark-referendum-erfahrungen-in-kreta-mit-windraedern-auf-bergen/

Seite 239
https://tkp.at/2024/08/23/bonanza-windkraft-wer/
Sie lesen den ganzen Bericht auf Seite 186.

Infraschall von Windrädern: Wie er sich auf den Menschen auswirkt

Bild von Frauke Riether auf Pixabay

Link hierzu:
https://tkp.at/2025/01/22/infraschall-von-windraedern-wie-er-sich-auf-den-menschen-auswirkt/
Autor: Dr. Peter F. Mayer

**Kürzlich haben sich bei einem Referendum die Bürger in Kärnten mehrheitlich gegen den Bau von Windrädern in ihrem Bundesland ausgesprochen. Zu recht, der Schaden wird komplett unterschätzt.
Der Infraschall hat einen direkten Einfluss auf Gesundheit und Wohlbefinden.**

Was hat es mit diesen niederfrequenten Brummtönen auf sich, die man nicht wirklich hören, aber irgendwie spüren kann? Es handelt sich um Infraschall, die Schallwellen unterhalb des menschlichen Hörbereichs, die überraschende Auswirkungen auf unseren Körper und Geist haben können.
Einige gängige Beispiele für Quellen sind: Naturphänomene wie Erdbeben, Vulkanausbrüche und Meereswellen.
Vom Menschen verursachte Quellen wie Windturbinen, Dieselmotoren und bestimmte Industriemaschinen.

Das Faszinierende an Infraschall ist, dass wir ihn zwar nicht bewusst hören können, unser Körper diese niederfrequenten Schwingungen aber dennoch wahrnehmen und darauf reagieren kann.
Der menschliche Körper ist ein komplexes System, das verschiedene Reize aufnehmen kann, darunter auch Infraschall. Studien haben gezeigt, dass Infraschall uns auf verschiedene Weise beeinflussen kann:

Physiologische Auswirkungen

Niederfrequente Töne können körperliche Empfindungen wie Druck in den Ohren, Brustvibrationen und sogar ein Gefühl von Unbehagen oder Angst verursachen.
Dies liegt daran, dass Infraschall das Gleichgewichtssystem stimulieren kann, das für das Gleichgewicht und die räumliche Orientierung verantwortlich ist.
Es ist, als würde Ihr Körper versuchen, diese nieder-frequenten Vibrationen zu verstehen, obwohl Ihre Ohren sie nicht richtig wahrnehmen können.
Die Fachärztin Dr. **Ursula Maria Bellut-Staeck** geht noch weiter und erklärt, dass sogar die *„endothelialen*

*Mechanotransduktion" den „ungestörte Ablauf
lebenswichtiger Funktionen wie Wachstum,
Blutdruckregulation, Entzündungsablauf und
Embryogenese" negativ beeinflussen können.
Mehr dazu hier.*

<u>Die Links hierzu finden Sie am Ende des Berichtes.</u>

Psychologische Auswirkungen

Infraschall kann auch psychologische Auswirkungen haben.
Manche Menschen berichten von Angstgefühlen, Furcht
oder sogar paranormalen Erfahrungen, wenn sie
niederfrequenten Geräuschen ausgesetzt sind.
Dies hat zu einigen interessanten Theorien darüber geführt,
wie Infraschall mit Geistererscheinungen und anderen
unerklärlichen Phänomenen zusammenhängen könnte.
Dazu gibt es Hinweise in dem ausgezeichnetem ZDF Video
aus 2018, hier am Ende des Artikels, also dabei bleiben.

Wie funktioniert Infraschall und wie schadet er

Eine sehr ausführliche und penible Darstellung der Physik
des Infraschalls und seiner physiologischen Wirkungen
bringen Claire und Rory Flemmer unter dem Titel ***„Wind
turbine infrasound: Phenomenology and effect on
people"***
(Infraschall von Windkraftanlagen: Phänomenologie und
Auswirkungen auf den Menschen), die in *Sustainable Cities
and Society* im Februar 2023 erschienen ist.

<u>Den Link hierzu finden Sie am Ende des Berichtes.</u>

Infraschall wird gerne mit Autolärm verglichen. Der Schlüssel
zum Verständnis der Phänomenologie von Infraschall liegt in

seinen extrem großen Wellenlängen und seiner extrem
geringen Dämpfung über sehr große Entfernungen.

Die Forscher fassen ihre Erkenntnisse so zusammen:

„Infraschall hat sehr lange Wellenlängen, eine
ebene Wellenstruktur und liegt außerhalb des
normalen Hörbereichs für moderate
Schalldruckpegel. Die Dämpfung von Infraschall
ist komplex; sie nimmt zunächst mit der
Entfernung von der Quelle zu (wird leiser), kann
aber über noch weitere Entfernungen abnehmen,
sodass sie dann lauter wird.
Wenn er mit Gebäuden interagiert, kann er
sekundäre strukturelle Schwingungen erzeugen,
die für die Bewohner wahrnehmbar sein können.
Infraschall von Windkraftanlagen ist besonders
störend, da die Geräuschsignatur kurze, häufige
Episoden enthält und im Vergleich zu anderen
kurzzeitigen Quellen (z. B. Züge) über längere
Zeiträume anhält.
Die meisten Menschen können wiederholte
Geräusche „ausblenden", aber bei manchen
Menschen wird das zentrale Nervensystem
sensibilisiert und sie leiden unter den Symptomen
chronischen Lärmstresses wie Angstzuständen,
Depressionen, kognitiven Dysfunktionen und
Schlafstörungen. "

Man muss sich zunächst vergegenwärtigen wie
unterschiedlich Infraschall vom hörbaren Schall ist.

Infraschall mit einer Frequenz von 1 Hz (Hertz kurz Hz:
Schwingungen pro Sekunde) hat eine Wellenlänge von etwa
343 m, während 10.000 Hz, also hörbarer Schall, eine

Wellenlänge von etwa 34,3 mm hat. Bei solch unterschiedlichen Wellenlängen ist es nicht überraschend, dass sich Infraschall und hörbarer Schall unterschiedlich verhalten und unterschiedlich behandelt werden müssen.

Die Autoren weisen darauf hin, dass sich Infraschall weite Strecken mit weitaus geringerer Dämpfung zurücklegt und andere Wechselwirkungen mit Gebäuden hat.

Infraschall von Windkraftanlagen unterscheidet sich auch von anderen Infraschallquellen, da er über lange Zeiträume hinweg vorhanden ist und mit zunehmender Anzahl von Windkraftanlagen immer häufiger auftritt.
Daher ist es wichtig, die Auswirkungen von Infraschall von Windkraftanlagen auf den Menschen zu verstehen.

Infraschall wird über sehr weite Distanzen übertragen:
„Nach dem Stokes'schen Gesetz ist die klassische Schalldämpfung ungefähr proportional zum Quadrat der Schallwellenfrequenz.
Daher ist die Dämpfung eines 10.000-Hz-Schalls um 10^8-mal größer als die Dämpfung eines 1-Hz-Schalls."

Dazu kommt, dass Gebäude und andere von Menschen errichtete Strukturen selbst schwingen und vom Infraschall angeregt werden können:
„In der bebauten Umgebung vibrieren große Strukturen wie Brücken, Dämme und Gebäude mit einer Eigenfrequenz, die im Infraschall-Frequenzspektrum liegt."

Die Forscher verweisen auf eine mittlerweile doch recht umfangreiche Literatur zu Schäden für Menschen und deren beide Arten:

„Menschen fühlen sich durch Infraschall von Windkraftanlagen stärker belästigt als durch andere Quellen, und es gibt zahlreiche Berichte über die negativen Auswirkungen auf die Gesundheit (**Baeza Moyano und Gonzalez Lezcano, 2022; Michaud et al., 2016). van Kamp und van den Berg (20 18, 2021)** und **Tonin (2018)** geben einen Überblick über dieses Thema und diskutieren, ob zwei Pathologien, nämlich die vibroakustische Erkrankung (VAD) und das Windturbinensyndrom (WTS), bei Menschen   auftreten, die in der Nähe von Windturbinen leben und langfristig Infraschall ausgesetzt sind.“

<u>Die Links hierzu finden Sie am Ende des Berichtes.</u>

Und hier sind die klinischen Symptome:
„VAD ist mit einer Verdickung der kardiovaskulären Strukturen verbunden, die mit Depressionen, Reizbarkeit und verminderten kognitiven Fähigkeiten einhergeht. Zu den WTS-Symptomen gehören Schlafstörungen, Kopfschmerzen, Tinnitus, Druck im Ohr, **<u>Schwindel</u>, <u>Vertigo</u>,** Übelkeit, Sehstörungen, **<u>Tachykardie</u>**, Reizbarkeit, Konzentrations- und Gedächtnisprobleme sowie Panikattacken.“

<u>Die Links hierzu finden Sie am Ende des Berichtes.</u>

Recherche-Ergebnisse des ZDF zu Schäden von Infraschall
Diese Folge der Wissenschaftssendung „planet e“ des deutschen Fernsehsenders ZDF, die im November 2018 ausgestrahlt wurde, untersucht den von großen

Windkraftanlagen erzeugten Infraschall und seine schwerwiegenden potenziellen Folgen für die menschliche Gesundheit und das Wohlbefinden. Während immer mehr Windparks in der Nähe von Wohngebieten gebaut werden, werden Fragen zur Sicherheit der Anwohner selten gestellt. Diese Wissenschaftssendung ist eine bemerkenswerte Ausnahme.

Erhalten ist leider nur mehr die auf Englisch synchronisierte Version, die deutsche wurde gelöscht und ist öffentlich nicht mehr auffindbar.

Update: Ein Leser hat die deutsche Version gefunden, vielen Dank.
Hier ist sie: **Den Link zum Video finden Sie am Ende des Berichtes.**

Und hier weiter die englische Version:
https://www.youtube.com/watch?v=ywWNx3OJyuo

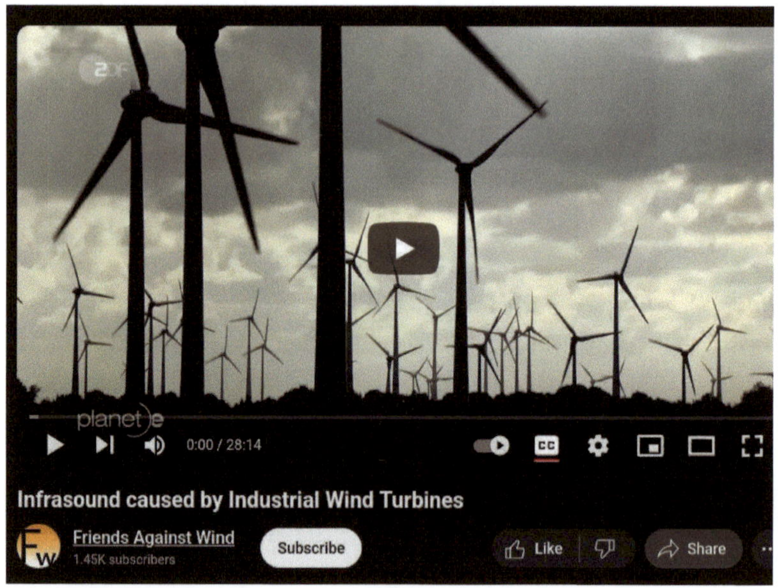

Hier die Links zu o.a. Bericht:

Seite 241
https://tkp.at/2025/01/14/mehrheit-gegen-windraeder-bei-referendum-in-kaernten/
Den ganzen Bericht lesen Sie auf Seite 237.

Seite 242
https://www.linkedin.com/in/ursula-bellut-staeckwissenschaftk-07281b239/edit/forms/next-action/after-connect-update-profile/

https://tkp.at/2024/10/27/weitere-studie-zeigt-wie-windraeder-der-gesundheit-schaden/
Den ganzen Bericht lesen Sie auf Seite 206.

https://www.sciencedirect.com/science/article/pii/S2210670722006126

Seite 245:
https://www.sciencedirect.com/science/article/pii/S2210670722006126#bib0001

https://www.sciencedirect.com/science/article/pii/S2210670722006126#bib0052

https://www.sciencedirect.com/topics/medicine-and-dentistry/vertigo

https://www.sciencedirect.com/topics/medicine-and-dentistry/tachyarrhythmia

Seite 246
https://www.youtube.com/watch?v=FZtU0IBd8Eo

Windräder vergiften Wildtiere, Muscheln oder Austern und gefährden damit die menschliche Gesundheit

Link hierzu:
https://tkp.at/2025/02/03/windraeder-vergiften-wildtiere-muscheln-oder-austern-und-gefaehrden-damit-die-menschliche-gesundheit/

Autor: Dr. Peter F. Mayer

**Untersuchungen und Studien finden giftige Schadstoffe vom Abrieb der Rotorblätter von Windrädern in Wildschweinen, Muscheln und Austern.
Die massenhafte Aufstellung von Windrädern an Land und Offshore beginnt unsere Lebensmittelversorgung beziehungsweise unsere Gesundheit immer mehr zu gefährden.**

Expertisen und Untersuchungen haben wie hier und hier berichtet gezeigt, dass der Abrieb von den Rotorblättern sich auf 1000 Meter im Umkreis eines Windrades verteilt, also eine Fläche von 3,14 Quadratkilometern ($F=r^2Pi$) kontaminiert.

Es kommt dabei zur Kontamination der Böden und des Oberflächenwassers wie Grundwassers mit feinsten Partikeln der verwendeten Materialien Carbon/GFK/CFK, incl. des als lebensgefährlich eingestuften Bisphenol-A, wobei insbesondere die Mikro-Fasern Krebs sogar auslösen können.

Fatal ist zudem, dass solche Partikel und Fasern, die weniger als 2 Millimeter messen, auch die schützende Blut-Hirn-Schranke überwinden und ins Gehirn vordringen können. Dort lagern sie sich offenbar in bestimmten Nervenzellen ab, den Mikroglia, beeinflussen die Immunabwehr und führen zu lebensgefährlichen Entzündungen.

Das alles ist Stand der Wissenschaft.

<u>Die Links hierzu finden Sie am Ende des Berichtes.</u>

Man muss sich dabei vor Augen halten, dass die Rotorblätter an den Enden Geschwindigkeiten von bis zu 400 km/h erreichen. Windräder an Land gibt es mit Durchmessern von **138 bis 175 Metern,** Offshore teils mit noch größeren Durchmessern.

Damit ergeben sich Umfänge, die die Rotorenden bei jeder Umdrehung durchmessen, von 430 bis 550 Metern. Schon bei etwas stärkerem Wind brauchen sie für eine Umdrehung nur mehr 3 bis 5 Sekunden und wir bekommen damit Geschwindigkeiten von etwa 110 m/sek., das sind 396 km/h. Trifft der Flügel mit dieser Geschwindigkeit auf Insekten, Wassertropfen, Sandkörner, Hagel oder andere im Weg

befindliche Hindernisse, kommt es zu Verletzung der
Oberflächen und zum Abrieb.

Den Link hierzu finden Sie am Ende des Berichtes.

Sind die Windräder in Feldern aufgestellt, so werden die dort
wachsenden Feldfrüchte kontaminiert und bei Aufstellung in
Wald und Wiese die dort lebenden Nutz- und Wildtiere.
Bei Offshore Anlagen werden Meereslebewesen vergiftet.
Dafür gibt es nun eine wachsende Zahl von Nachweisen.

Kontamination durch Offshore Windparks

Forscher der Universität Portsmouth haben davor gewarnt,
dass Offshore-Windparks „erhebliche Risiken für das
Ökosystem, die Wirtschaft und die menschliche Gesundheit"
mit sich bringen könnten. Das Potenzial für die Anreicherung
von Metallen wie Zink, Aluminium und Indium – ein Metall,
das für die Herstellung von Flachbildfernsehern wichtig ist –
in Meereslebewesen wie Austern, Muscheln und Seetang
sollte, so warnen Wissenschaftler, zu denken geben, bevor
die aggressiven Entwicklungspläne der Regierung für
Offshore-Windparks in gefährdeten Meeresgebieten
weiterverfolgt werden.

Dies liegt **laut der Studie** an den potenziell schädlichen
Mengen an Metallmaterialien aus den derzeitigen
Schutzmaßnahmen für Windkraftanlagen, die in das
umliegende Wasser gelangen könnten und nicht nur Risiken
für die Ökosysteme, sondern auch für die Sicherheit von
Meeresfrüchten und die menschliche Gesundheit darstellen.

Den Link hierzu finden Sie am Ende des Berichtes.

In Zusammenarbeit mit dem Plymouth Marine Laboratory hat die Studie ergeben, dass die in diesen Windparks installierte Ausrüstung tatsächlich jedes Jahr Tausende Tonnen Metalle – darunter Aluminium, Zink und Indium – in das umliegende Wasser freisetzt.

Aber das ist noch nicht alles. Ein Forscherteam unter der Leitung des Alfred-Wegener-Instituts und unter Beteiligung des Helmholtz-Zentrums hat nun die Auswirkungen dieser Partikel auf Miesmuscheln untersucht – eine Art, die auch für die Mehrfachnutzung von Windparks für die Aquakultur in Betracht gezogen wird.
In dem Experiment nahmen die Muscheln Metalle aus den Beschichtungen der Rotorblätter auf, wie das Team in einer Studie beschreibt, die gerade in der Zeitschrift „Science of the Total Environment" unter dem Titel
„Effect of particles from wind turbine blades erosion on blue mussels Mytilus edulis" veröffentlicht wurde und in der auch die möglichen physiologischen Auswirkungen diskutiert werden.

Den Link hierzu finden Sie am Ende des Berichtes.

In einer laborbasierten Pilotstudie untersuchte ein Forscherteam die möglichen Auswirkungen der Emissionen von Rotorblättern auf die Physiologie von Miesmuscheln.
Zu diesem Zweck wurde das Material dieser Rotorblätter auf eine Partikelgröße zermahlen, die klein genug war, damit die Muscheln es aufnehmen konnten.
„Wir haben die Muscheln unterschiedlichen Partikelkonzen-trationen ausgesetzt und nach vordefinierten Expositionszeiten Proben entnommen",
erklärt Dr. Gisela Lannig, Projektleiterin der Studie und Ökophysiologin am Alfred-Wegener-Institut, Helmholtz-Zentrum für Polar- und Meeresforschung (AWI).

Die Miesmuscheln zeigten eine mäßige bis ausgeprägte Aufnahme von Metallen, insbesondere von Barium und Chrom", berichtet Dr. Daria Bedulina, Ökophysiologin und Postdoktorandin am AWI.

Die Ergebnisse zeigen, dass Offshore-Windparks eine neue anthropogene Belastung für die Meeresumwelt darstellen: Laut der Studie sollten die Emissionen von Polymerpartikeln aus Rotorblättern, die durch die Zersetzung und Oberflächenerosion der Beschichtungen und des Kernmaterials der Blätter entstehen, nicht unterschätzt werden.
Muschelarten wie die hier untersuchte Miesmuschel spielen eine Schlüsselrolle in Küstenökosystemen. Muschelbänke bieten z. B. Lebens- und Brutraum für eine Reihe von Meeresfauna, fördern die Biodiversität und erhalten aufgrund der Rolle der Tiere als Filtrierer die Wasserqualität. Mikroplastik und Schadstoffe können sich im Gewebe der Tiere anreichern.

Kontamination von Wildtieren an Land

Auch an Land hat man die Kontamination anhand von Wildschweinen feststellen können. Zum Thema der Kontamination der Agrarflächen und der dort gezogenen Nahrungs- und Futtermittel, hat **TKP bereits berichtet.** Erkrankungen und Todesfälle von Tieren durch Windräder sind in im **Süden Kretas dokumentiert** sowie in **Studien untersuch**t worden.

<u>Die Links hierzu finden Sie am Ende des Berichtes.</u>

Die *Initiative für Demokratie und Aufklärung* berichtet über *„Windkraftanlagen – Giftige Kontaminationen statt sauberer Energie,"* dass kaum abbaubare Ewigkeitschemikalien

namens PFAS und andere toxische Substanzen durch
Abrieb in die Umgebung gelangen.
Die Abtragsmenge sollen je nach Standort und Leistung ca.
30-150 kg je Windrad und Jahr betragen, bei küstennahen
Lagen oder sehr hohen Windanlagen eher mehr.
Der Artikel bezieht sich offenbar ebenso wie die beiden TKP
Artikel über die **„fiesen Fasern"** auf Mikroplastikpartikeln
aus glasfaserverstärktem, giftigen Epoxid GFK/CFK und
dem krebserregenden Bisphenol A, ebenso PFAS.

<u>Den Link hierzu finden Sie am Ende des Berichtes.</u>

**Das erschreckende ist, dass man PFAS in der Leber von
Wildschweinen gefunden hat.**

> „Insgesamt wurden in einem externen Labor 60
> Proben von in Rheinland-Pfalz erlegten
> Wildschweinen (30 Proben von Fleisch und 30
> Proben der zugehörigen Leber) auf PFAS
> untersucht. Die Ergebnisse zeigen, dass alle
> Wildschweinlebern den seit dem 1. Januar 2023
> EU-weit gültigen Höchstgehalt an PFAS deutlich
> überschritten haben. Die PFAS-Summengehalte
> für die Verbindungen PFOA (Perfluoroctansäure),
> PFOS (Perfluoroctansulfonsäure), PFNA
> (Perfluornonansäure) und PFHxS
> (Perfluorhexansulfonsäure) lagen bei den 30
> Wildschweinleber-Proben zwischen 98
> Mikrogramm pro Kilogramm (µg/kg) und 738
> µg/kg; **der Mittelwert lag bei 310 µg/kg.** Der
> lebensmittelrechtliche **Höchstgehalt**, der nicht
> überschritten werden darf, liegt für
> Wildschweinleber **bei 50 µg/kg.**

Um auszuschließen, dass die aufgrund der allgemeinen Umweltkontamination generell zu hoch belasteten Lebern von Verbraucherinnen und Verbraucher verzehrt werden, dürfen Wildschweinlebern nicht mehr verkauft oder verarbeitet werden (z.B. in Wildleberwurst oder Wildleberpate), also nicht mehr in den Verkehr gebracht werden (siehe auch Artikel 7 Lebensmittelbasisverordnung, Vorsorgeprinzip). Weiterhin sollte aus gesundheitlichen Gründen auch im Privathaushalt der Jäger **auf den Verzehr von Wildschweinleber verzichtet** werden.

<u>Den Link hierzu finden Sie am Ende des Berichtes</u>

Kurzfristiger Gewinn, langfristiger Schaden, und Ihr habt davon gewusst.

Obwohl es also bereits jetzt schon messbare Kontaminierungen in der „freien Natur" gibt, wird von den **staatsnahen Medien** weiter kräftig für den Ausbau von Windkraftanlagen geworben, überwiegend mit dem Argument, dass die Gemeinden hohe Pachteinnahmen erwarten könnten."

<u>Den Link hierzu finden Sie am Ende des Berichtes</u>.

Gründe dafür gibt es mehrere.
Der Bau von neuen Windkraftanlagen wird auch im Rhein-Neckar-Kreis bekämpft. Gegner der Windkraftanlagen machen dagegen mobil und zeichnen Schreckensszenarien.

Wie das in Niederösterreich funktioniert **hat TKP hier**

beschrieben. Es verdienen nicht nur Gemeinden und Landbesitzer, sondern eine ganze Reihe von zwischengeschalteten Organisationen mit guten Beziehungen zu Politik und Behörden.

Angesichts der Tatsache, dass man sowohl im Meer als auch an Land Schäden bei Tieren und Lebewesen nachgewiesen hat, ist nicht auszuschließen, dass auch bald in Feldfrüchten und anderen Agrarprodukten Kontaminationen gefunden werden.
Und dann ist zu erwarten, dass Sperren von Agrarflächen notwendig verhängt werden (müssen).

Und das spielt wieder all jenen Milliardären und Finanzinvestoren in die Karten, die massiv in Laborfleich, Kunstmilch und Kunstkäse, Insektenmehl oder CO2-Butter investiert haben.

Hier die Links zu o.a. Bericht:

Seite 250
https://tkp.at/2024/08/09/windkraftwerke-als-todesfallen-fiese-fasern-und-kontaminationsrisiken/
Den ganzen Text lesen Sie auf Seite 144.

https://tkp.at/2024/08/15/windkraft-und-fiese-fasern-fakten-von-ra-thomas-mock/
Den ganzen Text lesen Sie auf Seite 158.

Seite 251
https://www.enercon.de/de

https://oceanographicmagazine.com/news/oysters-and-mussels-at-risk-of-offshore-wind-farm-metals/

Seite 252
https://www.sciencedirect.com/science/article/pii/
S0048969724076666?via%3Dihub

Seite 253
https://tkp.at/2024/08/19/windraeder-in-feldern-super-gau-
fuer-bauern-und-nahrungsmittelsicherheit/
Den ganzen Text lesen Sie auf Seite 169.

https://tkp.at/2024/06/16/hitze-und-saharastaub-in-
griechenland-und-die-rolle-von-windparks/
Den ganzen Text lesen Sie auf Seite 088.

Seite 254
https://tkp.at/2024/08/15/windkraft-und-fiese-fasern-fakten-
von-ra-thomas-mock/
Den ganzen Text lesen Sie auf Seite 158.

Seite 255
https://lua.rlp.de/presse/pressemitteilungen/detail/
ewigkeitschemikalien-pfas-wildschweinleber-stark-belastet

https://www.swr.de/swraktuell/baden-wuerttemberg/
mannheim/windkraft-in-der-rhein-neckar-region-der-wind-
dreht-sich-100.html

Windräder produzieren die Gesundheit von Mensch und Tier schädigenden Infraschall

Link hierzu:
https://tkp.at/2025/02/19/windraeder-produzieren-die-gesundheit-von-mensch-und-tier-schaedigenden-infraschall/
Autor: Dr. Peter F. Mayer

Strom von Windrädern wird gerne als sauber und billig hingestellt. Er ist weder das eine noch das andere und schadet der Gesundheit von Mensch und Tier sogar auf vielfältige Weise. Hier ist wie der von Windrädern erzeugte Infraschall alles Leben bedroht.

Es sind zwei Eigenschaften von Windrädern, die der Gesundheit schaden und alles Leben bedrohen.
Die erste ist die unvermeidliche Kontamination von Böden und Wasser in großen Bereichen rund um jedes Windrad durch den Abrieb von giftigen Mikropartikeln von den Rotorblättern.

Darüber hat TKP ausführlich berichtet, zuletzt hier. Die toxische Kontamination wird von Pflanzen aufgenommen und in weiterer Folge von Tieren.
Dies ist mittlerweile in Muscheln bei Offshore-Windanlagen und in Wildtieren nachgewiesen worden.
Über Pflanzen und Tiere kommt es dann zur Schädigung auch von Menschen.

Aber Mensch und Tier werden auch direkt von dem durch die Windanlagen erzeugten tiefen Töne des Infraschall krank gemacht. Die immer größeren und höheren Anlagen erzeugen Schall im unhörbaren Bereich unterhalb von 20 Hertz, der über sehr weite Distanzen übertragen wird.
Er interagiert mit Bauwerken aber vor allem auch mit dem Blutsystem der Menschen, wie im **Video unten** von der **Fachärztin Dr. Ursula Maria Bellut-Staeck** und dem **Energietechniker Dr. Martin J.F. Steiner** erläutert wird.

Wie funktioniert Infraschall und wie schadet er

Eine sehr ausführliche und penible Darstellung der Physik des Infraschalls und seiner physiologischen Wirkungen bringen Claire und Rory Flemmer unter dem Titel *„Wind turbine infrasound: Phenomenology and effect on people"* (Infraschall von Windkraftanlagen: Phänomenologie und Auswirkungen auf den Menschen), die in Sustainable Cities and Society im Februar 2023 erschienen ist.

<u>Den Link hierzu finden Sie am Ende des Berichtes.</u>

Infraschall wird gerne mit Autolärm verglichen.
Der Schlüssel zum Verständnis der Phänomenologie von Infraschall liegt in seinen extrem großen Wellenlängen und seiner extrem geringen Dämpfung über sehr große Entfernungen.

Die Forscher fassen ihre Erkenntnisse so zusammen:

„Infraschall hat sehr lange Wellenlängen, eine ebene Wellenstruktur und liegt außerhalb des normalen Hörbereichs für moderate Schalldruckpegel.
Die Dämpfung von Infraschall ist komplex; sie nimmt zunächst mit der Entfernung von der Quelle zu (wird leiser), kann aber über noch weitere Entfernungen abnehmen, sodass sie dann lauter wird.
Wenn er mit Gebäuden interagiert, kann er sekundäre strukturelle Schwingungen erzeugen, die für die Bewohner wahrnehmbar sein können. Infraschall von Windkraftanlagen ist besonders störend, da die Geräuschsignatur kurze, häufige Episoden enthält und im Vergleich zu anderen kurzzeitigen Quellen (z. B. Züge) über längere Zeiträume anhält.
Die meisten Menschen können wiederholte Geräusche „ausblenden", aber bei manchen Menschen wird das zentrale Nervensystem sensibilisiert und sie leiden unter den Symptomen chronischen Lärmstresses wie Angstzuständen, Depressionen, kognitiven Dysfunktionen und Schlafstörungen. "

Man muss sich zunächst vergegenwärtigen wie unterschiedlich Infraschall vom hörbaren Schall ist.

Infraschall mit einer Frequenz von 1 Hz (Hertz kurz Hz: Schwingungen pro Sekunde) hat eine Wellenlänge von etwa 343 m, während 10.000 Hz, also hörbarer Schall, eine Wellenlänge von etwa 34,3 mm hat.
Bei solch unterschiedlichen Wellenlängen ist es nicht überraschend, dass sich Infraschall und hörbarer Schall unterschiedlich verhalten und unterschiedlich behandelt werden müssen.

Die Autoren weisen darauf hin, dass sich Infraschall weite Strecken mit weitaus geringerer Dämpfung zurücklegt und andere Wechselwirkungen mit Gebäuden hat.

Infraschall von Windkraftanlagen unterscheidet sich auch von anderen Infraschallquellen, da er über lange Zeiträume hinweg vorhanden ist und mit zunehmender Anzahl von Windkraftanlagen immer häufiger auftritt.
Daher ist es wichtig, die Auswirkungen von Infraschall von Windkraftanlagen auf den Menschen zu verstehen.

Infraschall wird über sehr weite Distanzen übertragen: „Nach dem Stokes'schen Gesetz ist die klassische Schalldämpfung ungefähr proportional zum Quadrat der Schallwellenfrequenz. Daher ist die Dämpfung eines 10.000-Hz-Schalls um 10^8-mal größer als die Dämpfung eines 1-Hz-Schalls."

Dazu kommt, dass Gebäude und andere von Menschen errichtete Strukturen selbst schwingen und vom Infraschall angeregt werden können: „In der bebauten Umgebung vibrieren große Strukturen wie Brücken, Dämme und Gebäude mit einer Eigenfrequenz, die im Infraschall-Frequenzspektrum liegt."

Die Forscher verweisen auf ein mittlerweile doch recht umfangreiche Literatur zu Schäden für Menschen und deren beide Arten:
„Menschen fühlen sich durch Infraschall von Windkraftanlagen stärker belästigt als durch andere Quellen, und es gibt zahlreiche Berichte über die negativen Auswirkungen auf die Gesundheit **(Baeza Moyano und Gonzalez Lezcano, 2022; Michaud et al., 2016). van Kamp und van den Berg (20 18, 2021)** und **Tonin (2018)**

geben einen Überblick über dieses Thema und diskutieren, ob zwei Pathologien, nämlich die vibroakustische Erkrankung (VAD) und das Windturbinensyndrom (WTS), bei Menschen auftreten, die in der Nähe von Windturbinen leben und langfristig Infraschall ausgesetzt sind."

<u>Die Links hierzu finden Sie am Ende des Berichtes.</u>

Und hier sind die klinischen Symptome:
„VAD ist mit einer Verdickung der kardiovaskulären Strukturen verbunden, die mit Depressionen, Reizbarkeit und verminderten kognitiven Fähigkeiten einhergeht.
Zu den WTS-Symptomen gehören Schlafstörungen, Kopfschmerzen, Tinnitus, Druck im Ohr, <u>Schwindel</u>, **<u>Vertigo</u>,** Übelkeit, Sehstörungen, **<u>Tachykardie,</u>** Reizbarkeit, Konzentrations- und Gedächtnisprobleme sowie Panikattacken."

Erklärung - Vertigo
Schwindel oder lateinisch Vertigo bezeichnet **das Empfinden eines Drehens oder Schwankens, das Gefühl, sich nicht sicher im Raum bewegen zu können, oder auch das Gefühl der drohenden Bewusstlosigkeit**. Definiert wird Schwindel im medizinischen Sinn als wahrgenommene Scheinbewegung zwischen sich und der Umwelt.

Erklärung – Tachykardie
Eine Tachkardie tritt auf, wenn das Herz zu schnell schlägt. Die Frequenz liegt dann bei mehr als 100 Schlägen pro Minute und in Extremfällen bei bis zu 400 Schlägen pro Minute. Das rasende Herz ist nicht mehr in der Lage, sauerstoffreiches Blut effizient durch den Körper zu pumpen.

Medizinische Forschung zur Wirkung des Infraschalls auf Mensch und Tier

Die Fachärztin Dr. **Ursula Maria Bellut-Staeck** geht noch weiter und erklärt, dass sogar die *„endothelialen Mechanotransduktion" den „ungestörte Ablauf lebenswichtiger Funktionen wie Wachstum, Blutdruckregulation, Entzündungsablauf und Embryogenese"* negativ beeinflussen können.
Mehr dazu hat TKP im Oktober des Vorjahres berichtet.

Die Links hierzu finden Sie am Ende des Berichtes.

Nun gibt es ein weiteres Video mit Frau Dr. Bellut-Staeck und Dr. Martin J.F. Steiner in der sie im Detail erklärt über welche biochemischen und physiologischen Mechanismen es zur Schädigung kommt.

Die Ärztin bezieht sich im Gespräch unter anderem auf dieses Buch:

Die Mikrozirkulation und ihre Bedeutung für alles Leben: Aktuelle Erkenntnisse zu lebenswichtigen Funktionen von Endothelzellen

Den Link zum Buch finden Sie am Ende des Berichtes.

Link zum Video:
https://www.youtube.com/watch?v=xgg1X4zEnh8

Hier die Links aus o.a. Bericht:
Seite 250
https://tkp.at/2024/08/09/windkraftwerke-als-todesfallen-fiese-fasern-und-kontaminationsrisiken/
Den ganzen Text lesen Sie auf Seite 144.

https://tkp.at/2024/08/15/windkraft-und-fiese-fasern-fakten-von-ra-thomas-mock/
Den ganzen Text lesen Sie auf Seite 158.
Seite 251
https://www.enercon.de/de

https://oceanographicmagazine.com/news/oysters-and-mussels-at-risk-of-offshore-wind-farm-metals/

Seite 252
https://www.sciencedirect.com/science/article/pii/S0048969724076666?via%3Dihub

Seite 253
https://tkp.at/2024/08/19/windraeder-in-feldern-super-gau-fuer-bauern-und-nahrungsmittelsicherheit/
Den ganzen Text lesen Sie auf Seite 169.
https://tkp.at/2024/06/16/hitze-und-saharastaub-in-griechenland-und-die-rolle-von-windparks/
Den ganzen Text lesen Sie auf Seite 088.

Seite 254
https://tkp.at/2024/08/15/windkraft-und-fiese-fasern-fakten-von-ra-thomas-mock/
Den ganzen Text lesen Sie auf Seite 139.
Seite 255
https://lua.rlp.de/presse/pressemitteilungen/detail/ewigkeitschemikalien-pfas-wildschweinleber-stark-belastet

https://www.swr.de/swraktuell/baden-wuerttemberg/mannheim/windkraft-in-der-rhein-neckar-region-der-wind-dreht-sich-100.html

SEITE 259
https://www.sciencedirect.com/science/article/pii/S2210670722006126

Seite 262
https://www.sciencedirect.com/science/article/pii/
S2210670722006126#bib0001

https://www.sciencedirect.com/science/article/pii/
S2210670722006126#bib0052

Seite 263
https://www.linkedin.com/in/ursula-bellut-
staeckwissenschaftk-07281b239/?originalSubdomain=de

https://tkp.at/2024/10/27/weitere-studie-zeigt-wie-
windraeder-der-gesundheit-schaden/
Den ganzen Bericht lesen Sie auf Seite 206.

https://www.amazon.de/Mikrozirkulation-ihre-Bedeutung-
alles-Leben/dp/3662665158?__mk_de_DE=%C3%85M
%C3%85%C5%BD
%C3%95%C3%91&crid=25KC0QVVS2GPD&dib=eyJ2IjoiM
SJ9.OSCTx9qYLw50biOw_TsMNcmx29FzCH9-
IyWLXPXQNJfvm2ylEo41BZWmZcK2FoJ6F7Ydl-_f-ajZ-
L8hJL9i3swF0qyVrGUP9WWn0udPIzGJJfa8HiZVMvK7aqR
OcytKZoh07elp8fvmIfJFHiNSgJZzU4uBJc_j1ZqlTsO2hjtRvv
5GAUQYIKqeLcnbdRNalobN16Pv6PVLidrTdvDMYiLqusaqD
Iq3CIOiQjCheeA.8ojNWDEraCmsQi-
Nt8Udx3D0vz5CGdgLm1XYxU4djJ8&dib_tag=se&keywords
=Aktuelle+Erkenntnisse+zu+lebenswichtigen+Funktionen+v
on+Endothelzellen&qid=1739963459&sprefix=aktuelle+erke
nntnisse+zu+lebenswichtigen+funktionen+von+endothelzell
en,aps,94&sr=8-1&linkCode=sl1&tag=tkpat-
21&linkId=1ba3c3f26fe4eafc8aa8b3e52a5088fe&language=
de_DE&ref_=as_li_ss_tl

Giftige Rotorblätter von Windrädern als Zeitbomben

Link hierzu:
https://tkp.at/2025/03/10/giftige-rotorblaetter-von-windraedern-als-zeitbomben/
Autor: Dr. Peter F. Mayer

Die Gefahren, die von industriellen Windkraftanlagen für Boden, Wasser, Tiere und Menschen ausgehen sind gut dokumentiert. Mittlerweile werden die vom Abrieb der Rotorblätter stammenden Gifte in Meerestieren und in Wild an Land nachgewiesen.

Mülldeponien sind das Endziel für Millionen ausgedienter Windturbinenblätter, wo ihre giftigen Kunststoffe zum „Nutzen" künftiger Generationen verrotten werden.
Diese 10 bis 20 Tonnen schweren und 40 bis 80 Meter langen Brocken aus Kunststoff, Glasfaser, Balsaholz und

Harzen können nicht recycelt werden, weshalb die
Windindustrie sie seit Jahren stillschweigend entsorgt;
oftmals **illegal** (siehe oben).

<u>Den Link hierzu finden Sie am Ende des Berichtes.</u>

Die ernsthafte Umweltbedrohung durch die Erosion, die
hauptsächlich am Rand der Turbinenblätter auftritt, da diese
den Elementen ausgesetzt sind, ist alles andere als harmlos:

Die Ablösung von Mikroplastik von den Turbinenblättern,
auch als Leading Edge Erosion bekannt, ist ein großes
Problem für die Hersteller, die gezwungen sind, die Schäden
zu reparieren, die bereits nach wenigen Jahren auftreten.
Zu den von den Blättern erodierten Partikeln gehört
Epoxidharz, das zu 40 % aus Bisphenol-A (BPA) besteht,
einem häufig verbotenen endokrinen Disruptor und
Neurotoxin.
Wissenschaftliche Untersuchungen haben gezeigt, dass pro
Turbine und Jahr bis zu 62,5 kg Epoxid-Mikropartikel
abgelöst werden können.

Noch bevor sie auf der Deponie landen, verteilen die
Rotorblätter von Windkraftanlagen ihre giftigen
Kunststoffrückstände weit und breit.

„Experimente, die an der Universität von
Strathclyde durchgeführt wurden, zeigen, dass
ein Niederschlag mit reinem, partikelfreiem
Süßwasser von 50 mm pro Monat zu einem
Massenverlust von 0,037 % pro Monat führt und
ein Niederschlag von 500 mm pro Monat zu
einem Massenverlust von 0,199 % pro Monat.
Der Verschleiß bei Meerwasser (3,5 %
Salzgehalt) ist 40 % höher.“   268

Das berichten Asbjørn Solberg et al in der Studie „*Leading Edge erosion and pollution from wind turbine blades*" (Erosion und Verschmutzung durch die Rotorblätter von Windkraftanlagen).

Den Link hierzu finden Sie am Ende des Berichtes.

Wenn Sie Interesse an der PDF Datei haben, schreiben Sie mir: traude-schubert@gmx.de

Während die norwegische Analyse einen jährlichen Materialverlust von 62 kg pro Turbine berechnet, kommt die Windindustrie in ihren Schätzungen wenig überraschend auf 41.000 % weniger: 150 Gramm pro Rotorblatt.

In Solbergs Arbeit wurde jedoch berechnet, dass 20 Turbinen (130 m Rotordurchmesser, mittlerweile die eher kleineren Turbinen) im Laufe ihrer Lebensdauer (ca. 20 Jahre) bis zu 24,8 Tonnen Material freisetzen könnten.

Die Windkraftindustrie hat sich dafür entschieden, dies zu vernachlässigen und zu wenig darüber zu

269

kommunizieren, ähnlich wie die Tabakindustrie
mit den gesundheitlichen Auswirkungen
umgegangen ist.

Allerdings ist schon eine geringe Menge an Bisphenol A
(BPA) ausreichend, um hochgiftige Auswirkungen zu haben.
Die Turbinen drehen sich mit hohen Geschwindigkeiten von
300 km/h und mehr an der Blattspitze.
An dieser Stelle kommt es dann zu den größten
Materialabbrüchen, wodurch BPA in die Luft, den Boden und
möglicherweise in nahegelegene Wasserwege freigesetzt
wird.
Da die Turbinen in der Regel an windreichen Standorten
aufgestellt werden und selbst so starken Wind erzeugen,
dass sie Dürrebedingungen schaffen können, können diese
toxischen Mikropartikel potenziell über weite Strecken
transportiert werden.
Und es reicht schon ein *Bruchteil* eines Gramms, um einen
Liter Wasser zu vergiften:

> 1 kg BPA reicht aus, um 10 Milliarden Liter
> Wasser zu verunreinigen.

> Das sind 10.000.000.000 Liter. Seit 2017
> empfiehlt die WHO, dass Trinkwasser maximal
> 0,1 Mikrogramm BPA pro Liter enthalten sollte.
> Das entspricht 0,0000001 Gramm pro Liter
> Wasser.

„Schrapnell" der Turbinenblätter

Der Materialverlust an den Rotorblättern wird hauptsächlich
auf Staub, Salzpartikel, Hagel und Regen (bekannt als
„Wasserschlag-Druckeffekt") zurückgeführt. Wenn man die
zusätzlichen Auswirkungen von Eis oder Hagel hinzufügt, ist

der Verlust an den Rotorblättern um ein Vielfaches höher
und „kann sich nachteilig auf die strukturelle Integrität

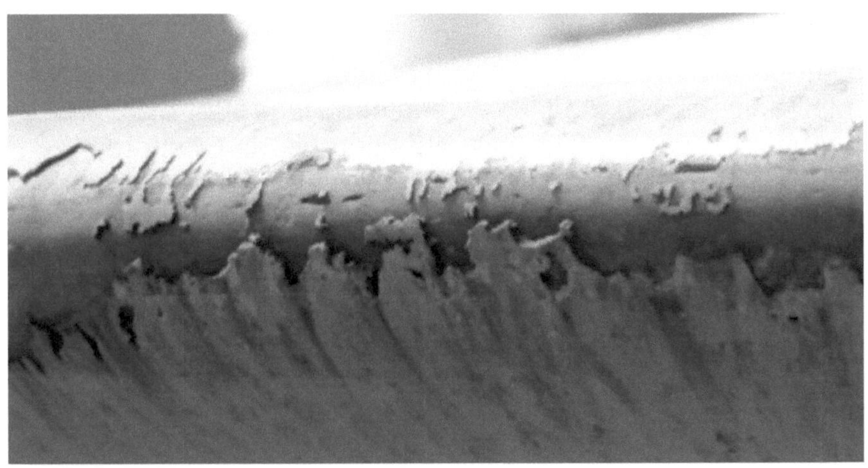

„Schrapnell" der Turbinenblätter

Der Materialverlust an den Rotorblättern wird hauptsächlich
auf Staub, Salzpartikel, Hagel und Regen (bekannt als
„Wasserschlag-Druckeffekt") zurückgeführt. Wenn man die
zusätzlichen Auswirkungen von Eis oder Hagel hinzufügt, ist
der Verlust an den Rotorblättern um ein Vielfaches höher
und „kann sich nachteilig auf die strukturelle Integrität
auswirken", so **Kugh et. al in einer Studie** mit dem Titel
*„Rain Erosion Maps for Wind Turbines Based on
Geographical Locations: A Case Study in Ireland and Britain"*
(Regenerosionskarten für Windkraftanlagen basierend auf

Den Link hierzu finden Sie am Ende des Berichtes.

Die Auswirkungen sind für Windkraftanlagen in Kanada
erheblich, wo Hagelstürme ein normales Merkmal der
kanadischen Sommer sind. In einer Studie, in der
ballistische Eisschläge auf Turbinenblätter untersucht

wurden, wurde nachgewiesen, dass „der Aufprall das Verbundmaterial delaminieren und reißen würde", was letztlich den Verlust von Harz im Blatt beschleunigen würde.

Darüber hinaus stellen Solberg in ihrer Studie fest, dass der Materialverlust „exponentiell" zunimmt, je größer die Turbinenblätter sind. Dies ist alarmierend, da Offshore-Turbinen jetzt an Land in der Nähe von Wohnhäusern und Bauernhöfen gebaut werden.
Die Turbinen, die beispielsweise auf den Feldern und Bauernhöfen des Northern Valley in der Nähe von Elk Point in Alberta, Kanada, errichtet werden sollen, sind von der Basis bis zur Blattspitze 207 m hoch.
In Europa werden an Land Turbinen mit Rotordurchmessern von **138 bis 175 Metern,** Offshore teils mit noch größeren Durchmessern eingesetzt.

Wie die untenstehende Grafik der Windindustrie zeigt, betritt man hier eindeutig Neuland (d. h. die Windindustrie experimentiert an Menschen).

Der **Artikel** mit der Grafik trägt den bezeichnenden Titel „*Wind Turbines: the Bigger, the Better*" (Windturbinen: Je größer, je besser).
Bisher werden die Auswirkungen auf den Menschen, vom Blattabwurf bis hin zum **Infraschall**, kaum anerkannt, geschweige denn richtig untersucht.

<u>Die Links hierzu finden Sie am Ende des Berichtes.</u>

Bisphenol A und Windturbinen

Windturbinenblätter werden aus Glasfaser hergestellt, die mit Epoxidharz imprägniert wird, um sie zu verstärken. Epoxidharz enthält 30–40 % Bisphenol A.

Ergebnis: Der Feinstaub, der durch die Erosion von Windturbinenblättern entsteht, enthält daher einen hohen Anteil an Bisphenol A.

Und wir haben bereits geschrieben, dass **Bisphenol A sehr schädlich** ist.

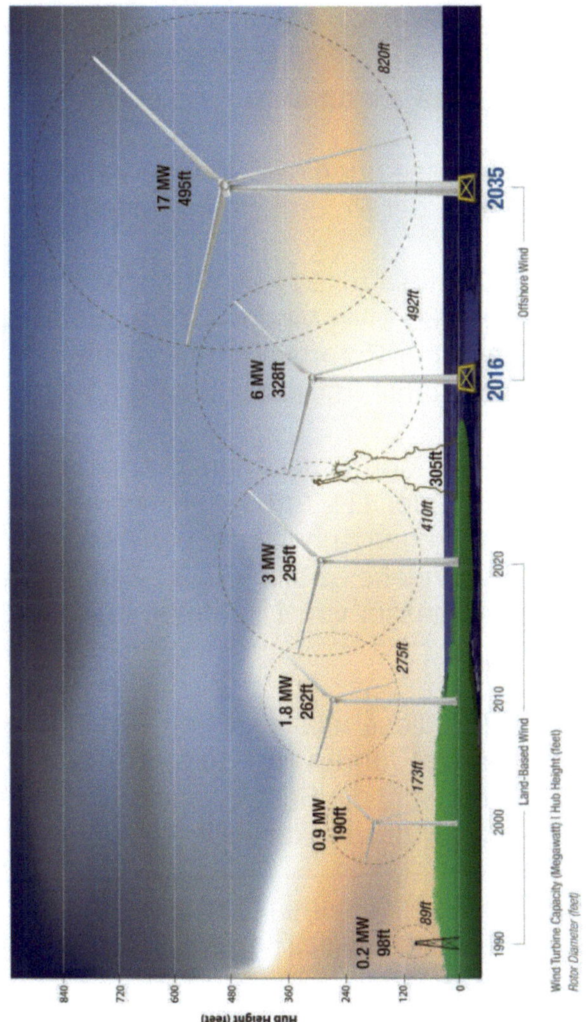

<u>**Den Link hierzu finden Sie am Ende des Berichtes.**</u>

Windturbinenblätter sind der größte Verbraucher von Epoxidkunststoffen. 2013 wurden 27 % (69.000 Tonnen) des gesamten Epoxidharzes für die Herstellung von Windturbinen verwendet.
Die jährliche weltweite Produktion von Bisphenol A beträgt wiederum mehr als 10 Millionen Tonnen, und für die kommenden Jahre wird ein deutlicher Anstieg erwartet.

Es braut sich etwas zusammen

So wird beispielsweise nur eine 5-jährige Verschleißgarantie auf die Vorderkante der Rotorblätter gegeben.

Doch Siemens Gamesa musste im März 2018 an 140 der 175 Turbinen des 630-MW-Windparks London Array eine „Notfall"-Reparatur der Rotorblätter durchführen, da die Erosion der Vorderkante früher als erwartet einsetzte.

Dies geschah einen Monat, nachdem Siemens Gamesa gezwungen war, 87 der 111 Turbinen eines 400-MW-Windparks im dänischen Anholt zu reparieren.
In beiden Fällen handelte es sich um 3,6-MW-Turbinen mit einem Rotordurchmesser von 120 Metern, die 2013 installiert wurden.

Die Tatsache, dass diese relativ kleinen Turbinen bereits nach weniger als fünf Jahren eine so starke Erosion aufweisen, unterstreicht die Schwere des Problems, mit dem die (Offshore-)Windindustrie konfrontiert ist.

In Deutschland ist die Kontamination spätestens durch das Gutachten von Rechtsanwalt Thomas Mock für den Niedersächsischen Landtag aktenkundig.

Mit dem bereits erbrachten Nachweis der Vergiftung von Tieren durch den Abrieb wächst die Gefahr, dass irgendwann landwirtschaftlich genutzte **Flächen stillgelegt werden müssen,** auf denen Windrädern stehen.
Das wird dann *die* Chance für die Fabriken sein, die künstliches Fleisch, Milch, Butter oder Lebensmittel aus Insekten herstellen,

<u>Den Link hierzu finden Sie am Ende des Berichtes.</u>

<u>Hier die Links zu o.a. Bericht:</u>

Seite 267
<u>https://stopthesethings.com/2022/01/27/blade-runners-wind-industry-illegally-dumping-discarded-turbine-blades-across-america/</u>

Seite 268
<u>https://www.google.com/search?client=firefox-b-lm&channel=entpr&q=%E2%80%9ELeading+Edge +erosion+and+pollution+from+wind+turbine+blades %E2%80%9C</u>

Seite 270
<u>https://link.springer.com/article/10.1007/s40735-021-00472-0</u>

Seite 271
<u>https://www.energy.gov/eere/articles/wind-turbines-bigger-better</u>

<u>https://tkp.at/2025/02/19/windraeder-produzieren-die-gesundheit-von-mensch-und-tier-schaedigenden-infraschall/</u>
<u>Den ganzen Bericht lesen Sie auf Seite 259.</u>

Seite 271
https://tkp.at/2024/08/15/windkraft-und-fiese-fasern-fakten-von-ra-thomas-mock/
Den ganzen Bericht lesen Sie auf Seite 158.

Seite 273
https://tkp.at/2024/08/19/windraeder-in-feldern-super-gau-fuer-bauern-und-nahrungsmittelsicherheit/
Den ganzen Bericht lesen Sie auf Seite 169.

Windparks führen zu Rückgang der Bodenfeuchtigkeit - Studie

Link hierzu:
https://tkp.at/2025/03/24/windparks-fuehren-zu-rueckgang-der-bodenfeuchtigkeit-studie/
Autor: Dr. Peter F. Mayer

Eine Studie hat ergeben, dass Windparks einen „signifikanten" Einfluss auf die Bodenfeuchtigkeit haben und die Bodenaustrocknung in Grünlandgebieten verstärken können, was sich wiederum auf die Ökosysteme auswirkt.

Die **Forschungsarbeit** von Gang Wang mit dem titel „Wind farms dry surface soil in temporal and spatial variation"
 (Windparks trocknen den Boden an der Oberfläche in zeitlicher und räumlicher Variation), die in der Fachzeitschrift *Science of the Total Environment"* veröffentlicht wurde,

ergab, dass „Windparks die Bodenfeuchtigkeit innerhalb der Windparks sowie in den Richtungen gegen den Wind und mit dem Wind erheblich reduzierten".

Den Link hierzu finden Sie am Ende des Berichtes.

Die Studie konzentrierte sich auf Windparks im Grasland Chinas, und die Forscher „analysierten Veränderungen der Bodenfeuchtigkeit in verschiedenen Windrichtungen und Jahreszeiten und beurteilten dann die Auswirkungen des Betriebs von Windkraftanlagen auf die Bodenfeuchtigkeit".

Sie forderten ein besseres Verständnis der Auswirkungen der riesigen Turbinen auf die Umwelt beim Bau von Windparks und sagten, dass **„der langfristige Betrieb von Windkraftanlagen kann das lokale Klima beeinflussen"**.

Unsere Forschung zeigt, dass der Betrieb von Windkraftanlagen zu einer erheblichen Austrocknung des Bodens führt, und dieser Dürreeffekt unterscheidet sich je nach Jahreszeit und Windrichtung erheblich", schrieb das Forschungsteam unter der Leitung von Prof. Gang Wang von der School of Resources and Environmental Engineering der Ludong University in China.

Unsere Ergebnisse zeigen, dass
1) die Bodenfeuchtigkeit in Windparks am stärksten abnimmt, wobei ein Rückgang von 4,4 % beobachtet wurde;

2) im Sommer und Herbst der Rückgang der Bodenfeuchtigkeit in Windrichtung deutlich größer ist als in Gegenwindrichtung, während im Frühjahr das Gegenteil der Fall ist."
Sie sagten auch: „Windparks verstärken die

278

Bodenaustrocknung in Grünlandgebieten, was
Auswirkungen auf die Grünlandökosysteme haben kann.
Deshalb müssen wir beim Bau von Windparks ihre
Auswirkungen auf die Umwelt besser verstehen.“

**In Europa werden Windanlagen in großen Maßstab in
landwirtschaftlich genutzte Flächen gebaut.**
Neben der Kontamination der Böden durch den giftigen
Abrieb von den Rotorblättern, sind Schäden durch die
Austrocknung ebenfalls unvermeidlich.

Eine frühere **Studie** aus dem Jahr 2012 zeigte, dass in
Texas mit vier der größten Windparks der Welt ein Anstieg
der Landoberflächentemperatur um 0,72 Grad zu
verzeichnen war, den Forscher mit den Auswirkungen der
Turbinen in Verbindung brachten.

<u>**Den Link hierzu finden Sie am Ende des Berichtes.**</u>

In der in *Nature Climate Change* veröffentlichten Studie
wurde anhand von NASA-Satellitendaten nachgewiesen,
dass sich „ein Gebiet im Westen und in der Mitte von Texas,
das von vier großen Windparks bedeckt ist, im Vergleich zu
nahe gelegenen Regionen ohne Windparks um 0,72 Grad
Celsius pro Jahrzehnt erwärmt hat“.

Wissenschaftler sagten, dass der „Effekt höchstwahrscheinlich durch die Turbulenzen in den Nachlauf-
strömungen der Turbinen verursacht wird, die wie
Ventilatoren wirken und nachts wärmere Luft aus höheren
Lagen nach unten ziehen“, so der Hauptautor Liming Zhou
von der University of Albany, State University of New York.

Zhou fügte jedoch hinzu, dass die „Erwärmung auch als
lokaler Effekt betrachtet wird, nicht als einer, der zu einem

größeren globalen Trend beitragen würde".

Eine über 22 Jahre laufende **Studie in China hatte gezeigt,** dass Windräder zu einer erheblichen Reduktion der Biomasseproduktion führt.
Zu einem ähnlichen Ergebnis kommt eine große Studie an sechs globalen Standorten für die **Reduktion der Belaubung in Waldgebieten.** Der Straßenbau ist der wichtigste Faktor für die Beeinträchtigung der Wälder.
Es kommt durch Bau und Betrieb zu einer erheblichen Verringerung der Vegetationsdecke und in der Folge zu Bodenerosion, das langfristige negative Auswirkungen auf die Waldbedeckung hat.

Die Studie kommt auf eine durchschnittliche Waldstörungsintensität durch Windparks von 4,3 Hektar pro installiertem Megawatt.

<u>Die Links hierzu finden Sie am Ende des Berichtes.</u>

Seite 277
https://www.sciencedirect.com/science/article/pii/S2215016123000055

Seite 278
https://tkp.at/2024/06/30/texas-erwaermung-um-072-grad-pro-jahrzehnt-durch-windparks/
Den ganzen Bericht lesen Sie hier im Buch auf Seite 115.
Seite 279
https://tkp.at/2024/10/31/so-verursachen-windraeder-weniger-pflanzenwachstum-und-daher-mehr-co2/
Den ganzen Bericht lesen Sie hier im Buch auf Seite 178.
https://tkp.at/2024/11/05/studie-weist-nach-massive-waldschaeden-durch-windparks/
Den ganzen Bericht lesen Sie hier im Buch auf Seite 221.

Eier Sterblichkeit in der Nähe von Windrädern erhöht – Studie

Link hierzu:
https://tkp.at/2025/04/05/eier-sterblichkeit-in-der-naehe-von-windraedern-erhoeht-studie/

Autor: Dr. Peter F. Mayer

Die Produktion von Hühnereiern wird durch Windräder beeinträchtigt. Sie reduzieren auch Vogelpopulationen offenbar nicht nur durch Rotorblattschlag, sondern zusätzlich durch Schädigung von Eiern durch die Vibrationen und den Infraschall.
Immer mehr enorme Umweltschäden durch die Windindustrie kommen damit ans Licht.

Eine **Studie von Hening Theorell und Maria Vemdal mit dem Titel** „*Why Does Egg Mortality Increase Near a New Wind Industry?*"
(Warum steigt die Eiersterblichkeit in der Nähe einer neuen Windindustrie?) wurde in der "Svensk Veterinärtidning" No 5 June 2024 Vol. 75 veröffentlicht.
 Auf einem Permakultur-Bauernhof in Småland, Schweden, ist die Eiersterblichkeit deutlich gestiegen, seit eine neuer Windpark nur 1000 Meter vom Hof entfernt seinen Betrieb aufgenommen hat. Dies ist angesichts des geplanten massiven Ausbaus der Windenergie nicht nur in Südschweden besorgniserregend.

Den Link hierzu finden Sie am Ende des Berichtes.

Bei Interesse, kann ich Ihnen die PDF Datei zusenden. Schreiben Sie dafür an: traude-schubert@gmx.de

Die in dieser Studie erwähnten Landwirte haben versucht, das Phänomen nach bestem Wissen und Gewissen zu untersuchen, aber es sind kontrollierte Studien und Messungen erforderlich, um die Ursachen besser zu verstehen.

Dieser Artikel fasst die bereits in relevanten Forschungsbereichen durchgeführten Studien zusammen, zielt jedoch in erster Linie darauf ab, die Bedeutung weiterer kontrollierter Studien so schnell wie möglich hervorzuheben, bevor die Risiken eintreten und die Sterblichkeitsrate bei Wild- und Hausgeflügel katastrophal hoch wird.

Untersuchungen haben gezeigt, dass Vibrationen während der Tage 5 bis 8 der Entwicklung von Hühnereiern die Sauerstoffaufnahme in der Allantois-Membran hemmen können.

Laborexperimente, die 1990 und 1994 in den USA durchgeführt wurden, haben gezeigt, dass vertikale Vibrationen bei Hühnereiern die Sterblichkeit und Missbildungen erhöhen, insbesondere bei Frequenzen zwischen 20 und 30 Hz und Beschleunigungsamplituden von 0,25 bis 1,5 G.

Die gleichen Frequenzen und Amplituden erhöhen die Sterblichkeit bei Perlhuhn-Eiern um bis zu 48 %.

Es ist wissenschaftlich erwiesen, dass Lärm und Vibrationen von Windturbinen bei verschiedenen Tieren Stress verursachen, was durch erhöhte Cortisolspiegel im Serum und in den Haarfollikeln von Gänsen und Dachsen nachgewiesen wurde, wenn sie sich in der Nähe von Windkraftanlagen befinden.

Es ist noch unklar, ob dieser Stress auf die auditive Wahrnehmung zurückzuführen ist, die die Nervenbahnen beeinflusst, die zu den Stresszentren in der Mandelkern und im Hypothalamus führen, oder ob er auf Bodenvibrationen zurückzuführen ist.

Es gibt Berichte, dass Dachse ihre Höhlen verlassen, Elche und Rentiere vor Windenergieanlagen fliehen, solange diese in Betrieb sind, und zurückkehren, wenn der Wind aufhört, und Vögel Gebiete mit Windkraftanlagen verlassen, sowohl im Inland als auch international.

Ein Bericht aus dem Jahr 2008 über die steigende Eiersterblichkeit und Missbildungen nach der Inbetriebnahme einer Windenergieanlage in Wisconsin deutet auf einen möglichen Zusammenhang zwischen dem Lärm von Windkraftanlagen in der Luft und/oder Bodenvibrationen durch Turmfundamente hin.
Dies wird durch die Zusammenstellung internationaler Beobachtungen von WG Ackers aus den Jahren 2016–2019 weiter untermauert, in der die Auswirkungen von Windparks auf die Gesundheit von Mensch und Tier hervorgehoben werden.

Ein israelisches Unternehmen hat das Geschlechterverhältnis von Hühnern erfolgreich von 50/50 auf 5 Hähne und 95 Hennen geändert, indem es in den Tagen 4–6 im Brutkasten mRNA-Promotoren und niederfrequenten Schall einsetzte.
Die Auswirkungen von niederfrequentem Schall auf Chromosomen sind unbestreitbar. Studien haben gezeigt, dass männliche Z-Chromosomen im Vergleich zu weiblichen W-Chromosomen dazu neigen, mehr Mutationen zu akkumulieren.

Zum Zeitpunkt der Erstellung dieses Artikels werden Industrien mit viel größeren Windturbinen als den derzeit in Betrieb befindlichen aufgebaut.

Die für die Installation in den kommenden Jahren geplanten Turbinen haben eine Größe von jeweils 6 bis 10 MW, was wahrscheinlich noch stärkere Bodenvibrationen verursachen wird. Es ist wichtig, die potenziellen Schäden, die die Emissionen der Windkraftanlagen für die Biologie aller lebenden Organismen mit sich bringen, nicht herunterzuspielen.

Eine Studie von **Peter Schippers** et al mit dem Titel *„Mortality limits used in wind energy impact assessment underestimate impacts of wind farms on bird populations"* befasste sich mit den Killraten der Windräder bei Vögeln.

<u>Den Link hierzu finden Sie am Ende des Berichtes.</u>

Sogenannte akzeptable Mortalitätsgrenzen von Populationen, gehen davon aus, dass 1 %–5 % der zusätzlichen Mortalität und der potenziellen biologischen Entnahme (PBR) scheinbar eindeutige Methoden zur Ermittlung der Verringerung der Lebensfähigkeit der Population darstellen.

Die Ergebnisse der Studie zeigen, dass die Lebensfähigkeit einer Population sehr empfindlich auf proportional geringe Erhöhungen der Sterblichkeit reagieren kann.

> „Wir haben festgestellt, dass eine zusätzliche Sterblichkeit von 1 % in den Kohorten nach dem Flüggewerden unserer untersuchten Populationen nach 10 Jahren zu einem Rückgang des Populationsniveaus um 2 % bis 24 % führt. Eine Erhöhung der Sterblichkeit um 5 % gegenüber der bestehenden Sterblichkeit führte nach 10 Jahren zu einem Rückgang der Populationen um 9 % bis 77 %."

Kombiniert mit der erhöhten Eiersterblichkeit kann das zur zumindest regionalen Vernichtung ganzer Vogelarten führen.

Angesichts dieser Folgen von Windrädern mutet die **Wahlwerbung der Wiener Grünen** sie könnten die Vögel nicht mehr hören als blanker Hohn an.
Energieerzeugung durch Windräder ist eine der zentralen Ideologien der Grünen. Die schädlichen Folgen für Mensch, Tier und Umwelt sind den Grünen, allen Klimahysterikern und CO2-Gläubigen offenbar völlig egal.

 Den Link hierzu finden Sie am Ende des Berichtes.

Hier die Links zu o.a. Bericht:

Seite 280
https://tkp.at/wp-content/uploads/2025/04/
Why_Does_Egg_Mortality_Increase_Near_a_New_Wind_In
dustry_pdf.pdf

Seite 283
https://onlinelibrary.wiley.com/authored-by/Schippers/Peter

Seite 284
https://tkp.at/2025/03/27/windraeder-killen-voegel-gruene-
klagen-ueber-nicht-mehr-zu-hoerende-voegel/

Bildernachweise

Cover: Andreas Schubert

Mir liegen nicht für alle Fotos die im Buch sind, Hinweise auf die Quellen vor. Daher bitte ich die Urheber sich bei mir zu melden, damit ich sie sofort nachtragen kann.
Eine E-Mail bitte an: traude-schubert@gmx.de

https://pixabay.com/de/photos/solarpark-windpark-1288842/

Christian1311,Windpark Andau-Halbturn; Burgenland; Österreich,CC BY-SA 3.0

Bild NASA, ShipTracks, als gemeinfrei gekennzeichnet, Details auf Wikimedia Commons

https://www.nrk.no/klima/disse-grafene-gar-viralt_-hva-skjer-med-havet_-1.16446730

Bild von Enrique auf Pixabay

https://group.vattenfall.com/uk/newsroom/pressreleases/2024/ht1-conclusio

Met Office

Über Satellit 296 K

Der Energiedetektiv

Our World in Data

Bild von keepwakin auf Pixabay

Quelle: ZeroHedge **Bilder**: Nantucket Current

Picture alliance / dpa I. Jens Buttner

Foto : Feuerwehr Brake / Süderfeld

BI: www.keinewindkraftimemmertal.de

https://www.ardmediathek.de/video/nordmagazin/
beschaedigter-fluegel-windrad-bei-gnoien-im-sturm-
umgeknickt/ndr/
Y3JpZDovL25kci5kZS8wZGFmZmIyMi03ZmU5LTQzOGUtY
jcyOC1jZTdkNWJiNDQxMjg

https://de.wikipedia.org/wiki/Windkraftanlage#
Typenklasse_(Windklasse)

https://rechneronline.de/windkraft/umdrehung.php#
google_vignette

Diliff, CC BY-SA 3.0, via Wikimedia Commons

Bild von Frauke Riether auf Pixabay

Quellennachweise

https://tkp.at/2025/04/30/windraeder-schaden-umwelt-menschen-tieren-und-pflanzen-mehr-als-jede-andere-energiequelle/

https://de.wikipedia.org/wiki/Bisphenol_A

https://tkp.at/2025/02/03/windraeder-vergiften-wildtiere-muscheln-oder-austern-und-gefaehrden-damit-die-menschliche-gesundheit/

https://tkp.at/2024/06/30/texas-erwaermung-um-072-grad-pro-jahrzehnt-durch-windparks/

https://kurier.at/chronik/niederoesterreich/sankt-poelten/riesige-windraeder-mitten-im-wald-lastautos-brachten-rotorblaetter/402057505

https://tkp.at/2023/07/20/16-millionen-baeume-fuer-schottische-windparks-gerodet/

https://windeurope.org/intelligence-platform/product/wind-energy-in-europe-2024-statistics-and-the-outlook-for-2025-2030/

https://tkp.at/2023/01/16/windsterben-sorgt-windenergie-fuer-duerre-und-hitze/

https://kurier.at/chronik/niederoesterreich/sankt-poelten/riesige-windraeder-mitten-im-wald-lastautos-brachten-rotorblaetter/402057505

https://www.sciencedirect.com/science/article/pii/S254243511830446X

http://www.vi-rettet-brandenburg.de/intern/dokumente/Windsterben.pdf

https://www.vi-rettet-brandenburg.de/

http://www.vi-rettet-brandenburg.de/intern/dokumente/Windsterben.pdf

https://tkp.at/2023/08/06/atlantik-hitzerekord-menschgemacht-durch-umweltschutz/

https://tkp.at/2023/06/16/klima-panikmache-daten-schindluder-und-propaganda/

https://x.com/EliotJacobson/status/1668271214882615298?ref_src=twsrc%5Etfw%7Ctwcamp%5Etweetembed%7Ctwterm%5E1668271214882615298%7Ctwgr%5E57f6b8408a4937c688ac5cb958f1b93e0e315b8c%7Ctwcon%5Es1_&ref_url=https%3A%2F%2Ftkp.at%2F2023%2F08%2F06%2Fatlantik-hitzerekord-menschgemacht-durch-umweltschutz%2F

https://edition.cnn.com/videos/world/2023/07/25/exp-climate-crisis-disaster-eliot-jacobson-vause-intv-07251aseg1-cnni-world.cnn

https://www.nrk.no/klima/disse-grafene-gar-viralt_-hva-skjer-med-havet_-1.16446730

https://www.science.org/content/article/changing-clouds-unforeseen-test-geoengineering-fueling-record-ocean-warmth

https://en.wikipedia.org/wiki/Ship_tracks#References

https://www.science.org/content/article/nasa-s-drifting-climate-satellites-could-find-new-life-wildfire-and-storm-watchers

https://www.science.org/doi/10.1126/sciadv.abn7988

https://www.nature.com/articles/s41586-022-05122-0

https://egusphere.copernicus.org/preprints/2023/egusphere-2023-813/

https://www.theguardian.com/world/2023/aug/04/nigeria-ecowas-ready-to-flex-muscle-niger-coup-russia

https://tkp.at/2023/09/22/waldrodung-fuer-windraeder-die-waldviertler-brauchen-unterstuetzung/

https://www.igwaldviertel.at/

https://tkp.at/2024/02/10/verursachen-windparks-erderwaermung-und-klimaschaeden/

https://tkp.at/2023/11/07/so-sorgen-solaranlagen-und-waermepumpen-fuer-klimaerwaermung/

https://tkp.at/2023/11/04/kampf-gegen-co2-durch-reduktion-fossiler-brennstoffe-verursacht-waermeres-klima/
https://tkp.at/2023/08/06/atlantik-hitzerekord-menschgemacht-durch-umweltschutz/

https://www.science.org/content/article/changing-clouds-unforeseen-test-geoengineering-fueling-record-ocean-warmth

https://en.wikipedia.org/wiki/Ship_tracks

https://tkp.at/wp-content/uploads/2024/02/Windenergie-im-Burgenland-01022024.pdf

https://tkp.at/2024/03/15/vattenfall-beendet-wasserstoff-produktion-mit-offshore-wind-verzerrte-wahrnehmung-in-konzernmedien/

https://www.az.com.na/energie/80-km-rohrleitung-fur-grunen-wasserstoff2024-03-07

https://oilprice.com/Latest-Energy-News/World-News/Vattenfall-Ditches-Project-to-Produce-Hydrogen-From-Offshore-Wind.html

https://group.vattenfall.com/uk/newsroom/pressreleases/2024/ht1-conclusion

https://notalotofpeopleknowthat.wordpress.com/2024/03/14/vattenfall-ditches-offshore-wind-to-hydrogen-project/

https://www.current-news.co.uk/vattenfall-completes-world-first-development-for-offshore-hydrogen-production/

https://tkp.at/2024/05/14/windraeder-unzuverlaessig-teuer-klima-veraendernd-und-gesundheitsschaedlich-durch-infraschall/

https://tkp.at/2024/01/28/warum-ist-energie-so-teuer-das-merit-order-prinzip

https://tkp.at/2024/03/15/vattenfall-beendet-wasserstoff-produktion-mit-offshore-wind-verzerrte-wahrnehmung-in-konzernmedien/

https://tkp.at/2024/02/10/verursachen-windparks-erderwaermung-und-klimaschaeden/

https://www.sciencedirect.com/science/article/pii/S254243511830446X

https://tkp.at/2023/01/16/windsterben-sorgt-windenergie-fuer-duerre-und-hitze/

https://kurier.at/chronik/niederoesterreich/sankt-poelten/riesige-windraeder-mitten-im-wald-lastautos-brachten-rotorblaetter/402057505

https://tkp.at/2023/07/20/16-millionen-baeume-fuer-schottische-windparks-gerodet/

https://pubmed.ncbi.nlm.nih.gov/28403175/

https://www.youtube.com/watch?v=ibsxVKU6B8s

https://arbeitsgruppe-infraschall-uni-mainz.de/pages/zur-person.php

https://www.nature.com/articles/s41598-021-97107-8

https://tkp.at/2024/05/16/windenergie-schaedlicher-und-teurer-als-energie-aus-kohlenwasserstoffen/

https://ccsenet.org/journal/index.php/jsd/article/view/0/46729

https://tkp.at/2024/05/17/windparks-fuer-hitzewellen-und-saharastaub-in-europa-verantwortlich/

https://www.researchsquare.com/article/rs-3999999/v1

https://www.telegraph.co.uk/news/2023/07/27/heatwave-2022-average-british-summer-40-years-met-office/

https://tkp.at/2024/04/18/so-macht-man-temperaturen-passend-zum-menschengemachten-klimawandel/

https://tkp.at/2024/05/24/florida-verbietet-offshore-windparks-und-wendet-sich-gegen-maer-von-menschengemachter-erderwaermung/

https://tkp.at/2024/05/14/windraeder-unzuverlaessig-teuer-klima-veraendernd-und-gesundheitsschaedlich-durch-infraschall/

https://tkp.at/2024/05/16/windenergie-schaedlicher-und-teurer-als-energie-aus-kohlenwasserstoffen/

https://tkp.at/2024/05/17/windparks-fuer-hitzewellen-und-saharastaub-in-europa-verantwortlich/

https://tkp.at/2024/06/16/hitze-und-saharastaub-in-griechenland-und-die-rolle-von-windparks/

https://tkp.at/2024/04/16/wettermanipulation-zensierte-fakten-und-unbeantwortete-fragen/

https://tkp.at/2023/08/06/atlantik-hitzerekord-menschgemacht-durch-umweltschutz/

https://www.science.org/content/article/changing-clouds-unforeseen-test-geoengineering-fueling-record-ocean-warmth

https://www.qwant.com/?client=brz-operaa&q=study+wind+turbine+weather+influence&t=web

https://www.nature.com/articles/nclimate1505

https://tkp.at/2024/02/10/verursachen-windparks-erderwaermung-und-klimaschaeden/

https://tkp.at/2024/05/17/windparks-fuer-hitzewellen-und-saharastaub-in-europa-verantwortlich/

https://www.rnd.de/wirtschaft/griechenland-plant-schwimmende-windparks-rund-um-kreta-rhodos-und-korfu-YIGKXIHWYZDRLNZMDKMT4VFFLU.html

https://tkp.at/2024/05/24/florida-verbietet-offshore-windparks-und-wendet-sich-gegen-maer-von-menschengemachter-erderwaermung/

https://ourworldindata.org/grapher/number-of-natural-disaster-events?time=2000..2019&country=All+disasters~Drought~Dry+mass+movement~Earthquake~Extreme+temperature~Extreme+weather~All+disasters+excluding+extreme+temperature~Wildfire

https://tkp.at/2023/10/28/duerreperioden-werden-tendenziell-weniger-einfluss-von-klima-temperatur-oder-co2-nicht-erkennbar/

https://tkp.at/2023/08/15/wetterextreme-wie-wirbelstuerme-werden-weniger/

https://tkp.at/2024/06/19/nach-solarbranche-auch-verluste-bei-windkraft-erzeuger-siemens-gamesa/

https://tkp.at/2024/06/17/bauchlandung-der-photovoltaik-branche/

https://stopthesethings.com/2023/07/11/crash-test-dummies-wind-turbine-maker-siemens-suffers-massive-share-price-slump/

https://eike-klima-energie.eu/2024/06/18/siemens-gamesa-entlaesst-4-100-mitarbeiter-in-der-sparte-windkraft/

https://tkp.at/2024/03/15/vattenfall-beendet-wasserstoff-produktion-mit-offshore-wind-verzerrte-wahrnehmung-in-konzernmedien/

https://tkp.at/2024/06/16/hitze-und-saharastaub-in-griechenland-und-die-rolle-von-windparks/

https://tkp.at/2024/05/14/windraeder-unzuverlaessig-teuer-klima-veraendernd-und-gesundheitsschaedlich-durch-infraschall/

https://tkp.at/2024/06/16/hitze-und-saharastaub-in-griechenland-und-die-rolle-von-windparks/

https://tkp.at/2024/06/24/studie-wind-und-solarparks-verstaerken-regen-und-vegetation/

https://www.science.org/doi/10.1126/science.aar5629

https://tkp.at/2024/06/27/windenergie-verursacht-klimaerwaermung-und-produziert-flatterstrom/

https://tkp.at/2024/06/16/hitze-und-saharastaub-in-griechenland-und-die-rolle-von-windparks/

https://tkp.at/2024/06/24/studie-wind-und-solarparks-verstaerken-regen-und-vegetation/

https://tkp.at/2024/05/17/windparks-fuer-hitzewellen-und-saharastaub-in-europa-verantwortlich/

https://www.sciencedirect.com/science/article/pii/S254243511830446X

https://tkp.at/2024/06/26/europaeischer-strommarkt-in-turbulenzen-hoechstpreise-dank-energiewende/

https://www.welt.de/wirtschaft/article126902756/Flatterstrom-gefaehrdet-Stabilitaet-der-Netze.html

https://tkp.at/2024/06/30/texas-erwaermung-um-072-grad-pro-jahrzehnt-durch-windparks/

http://www.atmos.albany.edu/facstaff/zhou/press_release_*wind_farm/press_release_QA.pdf*

https://www.nature.com/articles/nclimate1505

https://x.com/Karl_Lauterbach/status/1679484860812136448?ref_src=twsrc%5Etfw%7Ctwcamp%5Etweetembed%7Ctwterm%5E1679484860812136448%7Ctwgr%5E9037125f69c2dfa5c699b8e52bd898feeddadb6c%7Ctwcon%5Es1_&ref_url=https%3A%2F%2Ftkp.at%2F2023%2F07%2F24%2Feuropaeische-raumagentur-foerdert-klimapanik-mit-falschen-temperaturzahlen%2F*

https://tkp.at/2024/02/10/verursachen-windparks-erderwaermung-und-klimaschaeden/

https://www.weforum.org/stories/2020/01/texas-us-wind-power-renewable-energy/

https://tkp.at/2024/07/02/studie-windraeder-machen-menschen-und-tiere-krank-und-schaden-der-umwelt/

https://tkp.at/2024/05/14/windraeder-unzuverlaessig-teuer-klima-veraendernd-und-gesundheitsschaedlich-durch-infraschall/

https://journals.lww.com/endi/fulltext/2024/09010/wind_turbines__vacated_abandoned_homes_study__.1.aspx

https://tkp.at/2024/06/30/texas-erwaermung-um-072-grad-pro-jahrzehnt-durch-windparks/

https://tkp.at/2024/05/17/windparks-fuer-hitzewellen-und-saharastaub-in-europa-verantwortlich/

https://tkp.at/2024/05/17/windparks-fuer-hitzewellen-und-saharastaub-in-europa-verantwortlich/

https://tkp.at/2024/06/27/windenergie-verursacht-klimaerwaermung-und-produziert-flatterstrom/

https://tkp.at/2024/07/18/offshore-windturbine-zerlegt-sich-verstreut-gefaehrliche-glasfasersplitter/

https://tkp.at/2024/06/16/hitze-und-saharastaub-in-griechenland-und-die-rolle-von-windparks/

https://tkp.at/2024/07/02/studie-windraeder-machen-menschen-und-tiere-krank-und-schaden-der-umwelt/

https://tkp.at/?=wind+deponie&orderby=relevance&order=DESC&post_type=post

https://www.sciencedirect.com/science/article/pii/
S136403212101114X

https://duckduckgo.com/?
q=study+wind+turbines+recycling&t=opera&ia=web

https://tkp.at/2024/07/25/windraeder-technisch-mangelhaft-
und-gefaehrlich-fuer-mensch-und-tier/

https://www.keinewindkraftimemmerthal.de/images/
Windkraft/Unfallliste_immer_aktuell.pdf,

https://www.ardmediathek.de/video/nordmagazin/
beschaedigter-fluegel-windrad-bei-gnoien-im-sturm-
umgeknickt/ndr/
Y3JpZDovL25kci5kZS8wZGFmZmIyMi03ZmU5LTQzOGUtY
jcyOC1jZTdkNWJiNDQxMjg

https://www.youtube.com/watch?v=XRhgPIIxT0U&t=10s

https://tkp.at/2024/08/09/windkraftwerke-als-todesfallen-
fiese-fasern-und-kontaminationsrisiken/

https://www.facebook.com/people/Diary-of-a-Wind-Farm-
Neighbour/100076188588061/

https://de.wikipedia.org/wiki/Kohlenstofffaserverst
%C3%A4rkter_Kunststoff

https://www.merkur.de/lokales/erding/erding-ort28651/fiese-
fasern-gefahr-rettungskraefte-1045741.html

https://de.wikipedia.org/wiki/Bisphenol_A

https://www.youtube.com/watch?v=PHCaaSMPBnc

https://www.merkur.de/lokales/erding/erding-ort28651/fiese-fasern-gefahr-rettungskraefte-1045741.html

https://umwelt-watchblog.de/fiese-fasern-die-unterschaetzte-gefahr-in-windkraftrotorblaettern/

https://www.universimed.com/ch/article/pneumologie/gesundheitsgefaehrdung-durch-lungengaengige-kohlenstofffasern-beim-abbrand-von-carbonkunststoffen-2098532

https://www.sciencedirect.com/science/article/abs/pii/S1359836822008368

https://www.jeccomposites.com/wp-content/uploads/2022/03/V1_14588_DP-Digital-JEC-_VERSION_COMPOSITE_2022_02_24.pdf

https://commons.wikimedia.org/w/index.php?curid=44444943, via Wikimedia Commons

https://tkp.at/2024/08/15/windkraft-und-fiese-fasern-fakten-von-ra-thomas-mock/

https://tkp.at/2024/08/09/windkraftwerke-als-todesfallen-fiese-fasern-und-kontaminationsrisiken/

https://fortschrittinfreiheit.de/

https://www.landtag.nrw.de/portal/WWW/dokumentenarchiv/Dokument/MMST18-292.pdf

https://pubmed.ncbi.nlm.nih.gov/34902412/

https://www.windbranche.de/news/nachrichten/artikel 25242-fraunhofer-iwes-sagt-erosion-vonwindkraft-anlagen-den-kampfan und

https://www.iwes.fraunhofer.de/de/presse_medien/ archiv2017/regenerosion-an-rotorblaettern-effektiv-vorbeugen.html.

https://www.mdpi.com/1996-1073/14/18/5974

https://www.sciencedirect.com/science/article/abs/pii/ S0960148121000501

https://commons.wikimedia.org/w/index.php? curid=44444943, via Wikimedia Commons

https://tkp.at/2024/08/19/windraeder-in-feldern-super-gau-fuer-bauern-und-nahrungsmittelsicherheit/

https://tkp.at/2024/06/16/hitze-und-saharastaub-in-griechenland-und-die-rolle-von-windparks/

https://tkp.at/2024/07/02/studie-windraeder-machen-menschen-und-tiere-krank-und-schaden-der-umwelt/

https://tkp.at/2024/08/09/windkraftwerke-als-todesfallen-fiese-fasern-und-kontaminationsrisiken/

https://tkp.at/2024/08/15/windkraft-und-fiese-fasern-fakten-von-ra-thomas-mock/

https://fortschrittinfreiheit.de/

https://tkp.at/2023/09/22/der-krieg-gegen-bauern-und-selbstaendige-landwirtschaft-in-der-eu-am-beispiel-holland-und-ukraine/

https://tkp.at/2024/06/27/daenemark-steuern-auf-kuehe-um-laborfleisch-zu-foerdern/

https://tkp.at/2023/01/17/neue-eu-verordnung-erlaubt-die-beimischung-von-hausgrillen-in-nahrungsmitteln/

https://tkp.at/2024/04/23/deutschland-foerdert-produktion-von-kunst-milch-und-kunst-fleisch/

https://tkp.at/2024/08/21/so-verursachen-windraeder-massive-umweltschaeden/

https://www.iwes.fraunhofer.de/content/dam/iwes/dokumente/deutsch/infomaterial/brosch%C3%BCren/IWES_Rotorbl%C3%A4tter_de.pdf

https://www.enercon.de/de

https://de.wikipedia.org/wiki/Windkraftanlage#Typenklasse_(Windklasse)

https://rechneronline.de/windkraft/umdrehung.php#google_vignette

https://tkp.at/2024/08/15/windkraft-und-fiese-fasern-fakten-von-ra-thomas-mock/

https://tkp.at/2024/05/17/windparks-fuer-hitzewellen-und-saharastaub-in-europa-verantwortlich/

https://tkp.at/2024/08/19/windraeder-in-feldern-super-gau-fuer-bauern-und-nahrungsmittelsicherheit/

https://tkp.at/2024/06/30/texas-erwaermung-um-072-grad-pro-jahrzehnt-durch-windparks/

https://tkp.at/2024/08/23/bonanza-windkraft-wer/

https://www.enu.at/

https://www.evn.at/home/sonnenstrom

https://www.evn-naturkraft.at/

https://kurier.at/chronik/niederoesterreich/windpark-es-ist-nicht-fair-wenn-einer-allein-das-ganze-geld-bekommt/9.552.239

https://www.imwind.at/ueber-uns

https://tkp.at/2024/08/19/windraeder-in-feldern-super-gau-fuer-bauern-und-nahrungsmittelsicherheit/

https://tkp.at/2024/08/27/erneuerbare-energie-ein-unwissenschaftlicher-unsinn-windraeder-verursachen-klimawandel/

https://regenerative-energien.htw-berlin.de/

https://www.hochschule-stralsund.de/forschung-und-transfer/institute/institut-fuer-regenerative-energiesysteme/

https://x.com/VQuaschning

https://tkp.at/2023/01/16/windsterben-sorgt-windenergie-fuer-duerre-und-hitze/
https://www.sciencedirect.com/science/article/pii/S254243511830446X

https://tkp.at/2024/08/21/so-verursachen-windraeder-massive-umweltschaeden/

https://tkp.at/2024/08/19/windraeder-in-feldern-super-gau-fuer-bauern-und-nahrungsmittelsicherheit/

https://www.enbw.com/unternehmen/themen/windkraft/windkraftanlagen.html

https://tkp.at/2024/06/30/texas-erwaermung-um-072-grad-pro-jahrzehnt-durch-windparks/

https://tkp.at/2024/02/10/verursachen-windparks-erderwaermung-und-klimaschaeden/

https://tkp.at/2024/06/24/studie-wind-und-solarparks-verstaerken-regen-und-vegetation/

https://tkp.at/2024/05/17/windparks-fuer-hitzewellen-und-saharastaub-in-europa-verantwortlich/

https://www.noaa.gov/jetstream/goes_east

https://tkp.at/2023/07/13/eu-parlament-beschliesst-renaturierung-von-europa-fuer-green-deal-bauern-protestieren/

https://tkp.at/2024/08/19/windraeder-in-feldern-super-gau-fuer-bauern-und-nahrungsmittelsicherheit/

https://tkp.at/2024/08/15/windkraft-und-fiese-fasern-fakten-von-ra-thomas-mock/

https://tkp.at/2024/08/30/windwahn-ueber-den-ausbau-von-windparks-und-die-klimatischen-folgen/

https://buch.manfred-brugger.de und
https://manfred-brugger.de

https://www.amazon.de/dp/B0CVXPRNTV?
th=1&psc=1&linkCode=sl1&tag=tkpat-
21&linkId=63a9f9e6897c4b13bad9ddc11d96cafe&language
=de_DE&ref_=as_li_ss_tl

https://tkp.at/2024/10/27/weitere-studie-zeigt-wie-
windraeder-der-gesundheit-schaden/

https://tkp.at/2024/08/15/windkraft-und-fiese-fasern-fakten-
von-ra-thomas-mock/

https://tkp.at/2024/05/14/windraeder-unzuverlaessig-teuer-
klima-veraendernd-und-gesundheitsschaedlich-durch-
infraschall/

https://tkp.at/2024/08/15/windkraft-und-fiese-fasern-fakten-
von-ra-thomas-mock/

https://tkp.at/2024/06/16/hitze-und-saharastaub-in-
griechenland-und-die-rolle-von-windparks/

https://tkp.at/2024/06/16/hitze-und-saharastaub-in-
griechenland-und-die-rolle-von-windparks/

https://www.linkedin.com/in/ursula-bellut-
staeckwissenschaftk-07281b239/?originalSubdomain=de

https://stm.bookpi.org/MRIA-V8/article/view/15054

https://www.enercon.de/de

https://www.strunz.com/news/glueckliches-wien.html

https://tkp.at/2024/10/31/so-verursachen-windraeder-weniger-pflanzenwachstum-und-daher-mehr-co2/

https://tkp.at/2024/10/27/weitere-studie-zeigt-wie-windraeder-der-gesundheit-schaden/

https://tkp.at/2024/08/15/windkraft-und-fiese-fasern-fakten-von-ra-thomas-mock/

https://tkp.at/2024/06/16/hitze-und-saharastaub-in-griechenland-und-die-rolle-von-windparks/

https://www.nature.com/articles/s41598-023-49650-9

https://tkp.at/2024/06/30/texas-erwaermung-um-072-grad-pro-jahrzehnt-durch-windparks/

https://www.amazon.de/Windwahn-seine-klimatischen-Konsequenzen/dp/3991303949?__mk_de_DE=%C3%85M%C3%85%C5%BD%C3%95%C3%91&crid=22RE95VXAZYUN&dib=eyJ2IjoiMSJ9.2-uT-ZFEr2y5g4NhW3-N4U0T0UOdJwyIOB7nbkepngPGjHj071QN20LucGBJIEps.OuYVoIQi4EwJQyRhcmkVNVbWvhtrst9VDL10J-PdIfU&dib_tag=se&keywords=Windwahn&qid=1730389547&s=books&sprefix=windwahn,stripbooks,638&sr=1-1&linkCode=sl1&tag=tkpat-21&linkId=deac95007402163828cd033f04ae1319&language=de_DE&ref_=as_li_ss_tl

https://tkp.at/2024/11/05/studie-weist-nach-massive-waldschaeden-durch-windparks/

https://tkp.at/2024/10/31/so-verursachen-windraeder-weniger-pflanzenwachstum-und-daher-mehr-co2/

https://www.sciencedirect.com/science/article/abs/pii/S0921344924005275

https://tkp.at/2023/07/20/16-millionen-baeume-fuer-schottische-windparks-gerodet/

-
https://www.amazon.de/Windwahn-seine-klimatischen-Konsequenzen/dp/3991303949?__mk_de_DE=%C3%85M%C3%85%C5%BD%C3%95%C3%91&crid=22RE95VXAZYUN&dib=eyJ2IjoiMSJ9.2-uT-ZFEr2y5g4NhW3-N4U0T0UOdJwyIOB7nbkepngPGjHj071QN20LucGBJIEps.OuYVoIQi4EwJQyRhcmkVNVbWvhtrst9VDL10J-PdIfU&dib_tag=se&keywords=Windwahn&qid=1730389547&s=books&sprefix=windwahn,stripbooks,638&sr=1-1&linkCode=sl1&tag=tkpat-21&linkId=deac95007402163828cd033f04ae1319&language=de_DE&ref_=as_li_ss_tl

https://tkp.at/2024/11/07/nutzen-und-gefahren-der-windkraft/

https://www.welt.de/wirtschaft/article126902756/Flatterstrom-gefaehrdet-Stabilitaet-der-Netze.html

https://www.sciencedirect.com/science/article/abs/pii/S0921344924005275

https://www.nature.com/articles/s41598-023-49650-9

https://www.nature.com/articles/nclimate1505

https://www.energiedetektiv.com/

https://www.science.org/doi/10.1126/science.aar5629

https://paz.de/artikel/die-unterschaetzte-gefahr-der-rotorblaetter-a8023.html

https://de.wikipedia.org/wiki/Kohlenstofffaserverst%C3%A4rkter_Kunststoff

https://de.wikipedia.org/wiki/Bisphenol_A

https://www.landtag.nrw.de/portal/WWW/dokumentenarchiv/Dokument/MMST18-292.pdf

https://fortschrittinfreiheit.de

https://journals.lww.com/endi/fulltext/2024/09010/wind_turbines__vacated_abandoned_homes_study__.1.aspx

https://stm.bookpi.org/MRIA-V8/article/view/15054

https://x.com/GovRonDeSantis/status/1790820306157703505?ref_src=twsrc%5Etfw%7Ctwcamp%5Etweetembed%7Ctwterm%5E1790820306157703505%7Ctwgr%5E60ebe16d10f2b29a5f7b0b23ca0a2b0430b06aa3%7Ctwcon%5Es1_&ref_url=https%3A%2F%2Ftkp.at%2F2024%2F05%2F24%2Fflorida-verbietet-offshore-windparks-und-wendet-sich-gegen-maer-von-menschengemachter-erderwaermung%2F

https://tkp.at/2025/01/14/mehrheit-gegen-windraeder-bei-referendum-in-kaernten/

https://tkp.at/2025/01/10/zum-kaerntner-windpark-referendum-erfahrungen-in-kreta-mit-windraedern-auf-bergen/

https://tkp.at/2024/08/23/bonanza-windkraft-wer/

https://tkp.at/2025/01/22/infraschall-von-windraedern-wie-er-sich-auf-den-menschen-auswirkt/

https://tkp.at/2025/01/14/mehrheit-gegen-windraeder-bei-referendum-in-kaernten/

https://www.linkedin.com/in/ursula-bellut-staeckwissenschaftk-07281b239/edit/forms/next-action/after-connect-update-profile/

https://tkp.at/2024/10/27/weitere-studie-zeigt-wie-windraeder-der-gesundheit-schaden/

https://www.sciencedirect.com/science/article/pii/S2210670722006126

https://www.sciencedirect.com/science/article/pii/S2210670722006126#bib0001

https://www.sciencedirect.com/science/article/pii/S2210670722006126#bib0052

https://www.sciencedirect.com/topics/medicine-and-dentistry/vertigo

https://www.sciencedirect.com/topics/medicine-and-dentistry/tachyarrhythmia

https://www.youtube.com/watch?v=FZtU0IBd8Eo

https://www.youtube.com/watch?v=ywWNx3OJyuo

https://tkp.at/2025/02/03/windraeder-vergiften-wildtiere-muscheln-oder-austern-und-gefaehrden-damit-die-menschliche-gesundheit/

https://tkp.at/2024/08/09/windkraftwerke-als-todesfallen-fiese-fasern-und-kontaminationsrisiken/

https://tkp.at/2024/08/15/windkraft-und-fiese-fasern-fakten-von-ra-thomas-mock/

https://www.enercon.de/de

https://oceanographicmagazine.com/news/oysters-and-mussels-at-risk-of-offshore-wind-farm-metals/

https://www.sciencedirect.com/science/article/pii/S0048969724076666?via%3Dihub

https://tkp.at/2024/08/19/windraeder-in-feldern-super-gau-fuer-bauern-und-nahrungsmittelsicherheit/

https://tkp.at/2024/06/16/hitze-und-saharastaub-in-griechenland-und-die-rolle-von-windparks/

https://tkp.at/2024/06/16/hitze-und-saharastaub-in-griechenland-und-die-rolle-von-windparks/

https://tkp.at/2024/08/15/windkraft-und-fiese-fasern-fakten-von-ra-thomas-mock/

https://lua.rlp.de/presse/pressemitteilungen/detail/ewigkeitschemikalien-pfas-wildschweinleber-stark-belastet

https://www.swr.de/swraktuell/baden-wuerttemberg/mannheim/windkraft-in-der-rhein-neckar-region-der-wind-dreht-sich-100.html

https://tkp.at/2025/02/19/windraeder-produzieren-die-gesundheit-von-mensch-und-tier-schaedigenden-infraschall/

https://www.sciencedirect.com/science/article/pii/
S22106707220006126

https://www.sciencedirect.com/science/article/pii/
S22106707220006126#bib0001

https://www.sciencedirect.com/science/article/pii/
S22106707220006126#bib0052

https://www.linkedin.com/in/ursula-bellut-
staeckwissenschaftk-07281b239/?originalSubdomain=de

https://tkp.at/2024/10/27/weitere-studie-zeigt-wie-
windraeder-der-gesundheit-schaden/

https://www.amazon.de/Mikrozirkulation-ihre-Bedeutung-
alles-Leben/dp/3662665158?__mk_de_DE=%C3%85M
%C3%85%C5%BD
%C3%95%C3%91&crid=25KC0QVVS2GPD&dib=eyJ2IjoiM
SJ9.OSCTx9qYLw50biOw_TsMNcmx29FzCH9-
IyWLXPXQNJfvm2ylEo41BZWmZcK2FoJ6F7Ydl-_f-ajZ-
L8hJL9i3swF0qyVrGUP9WWn0udPIzGJJfa8HiZVMvK7aqR
OcytKZoh07elp8fvmIfJFHiNSgJZzU4uBJc_j1ZqlTsO2hjtRvv
5GAUQYIKqeLcnbdRNalobN16Pv6PVLidrTdvDMYiLqusaqD
Iq3CIOiQjCheeA.8ojNWDEraCmsQi-
Nt8Udx3D0vz5CGdgLm1XYxU4djJ8&dib_tag=se&keywords
=Aktuelle+Erkenntnisse+zu+lebenswichtigen+Funktionen+v
on+Endothelzellen&qid=1739963459&sprefix=aktuelle+erke
nntnisse+zu+lebenswichtigen+funktionen+von+endothelzell
en,aps,94&sr=8-1&linkCode=sl1&tag=tkpat-
21&linkId=1ba3c3f26fe4eafc8aa8b3e52a5088fe&language=
de_DE&ref_=as_li_ss_tl

https://www.youtube.com/watch?v=xgg1X4zEnh8

https://tkp.at/2025/03/10/giftige-rotorblaetter-von-windraedern-als-zeitbomben/

https://stopthesethings.com/2022/01/27/blade-runners-wind-industry-illegally-dumping-discarded-turbine-blades-across-america/

https://www.google.com/search?client=firefox-b-lm&channel=entpr&q=%E2%80%9ELeading+Edge+erosion+and+pollution+from+wind+turbine+blades%E2%80%9C

https://link.springer.com/article/10.1007/s40735-021-00472-0

https://www.energy.gov/eere/articles/wind-turbines-bigger-better

https://tkp.at/2025/02/19/windraeder-produzieren-die-gesundheit-von-mensch-und-tier-schaedigenden-infraschall/

https://tkp.at/2024/08/15/windkraft-und-fiese-fasern-fakten-von-ra-thomas-mock/

https://tkp.at/2024/08/19/windraeder-in-feldern-super-gau-fuer-bauern-und-nahrungsmittelsicherheit/

https://tkp.at/2025/03/24/windparks-fuehren-zu-rueckgang-der-bodenfeuchtigkeit-studie/

https://www.sciencedirect.com/science/article/pii/S2215016123000055

https://tkp.at/2024/06/30/texas-erwaermung-um-072-grad-pro-jahrzehnt-durch-windparks/

https://tkp.at/2024/10/31/so-verursachen-windraeder-weniger-pflanzenwachstum-und-daher-mehr-co2/

https://tkp.at/2024/11/05/studie-weist-nach-massive-waldschaeden-durch-windparks/

https://tkp.at/2025/04/05/eier-sterblichkeit-in-der-naehe-von-windraedern-erhoeht-studie/

https://tkp.at/wp-content/uploads/2025/04/Why_Does_Egg_Mortality_Increase_Near_a_New_Wind_Industry_pdf.pdf

https://onlinelibrary.wiley.com/authored-by/Schippers/peter

https://tkp.at/2025/03/27/windraeder-killen-voegel-gruene-klagen-ueber-nicht-mehr-zu-hoerende-voegel/

https://tkp.at/2025/04/23/massive-umweltschaeden-durch-windraeder-im-wald/

In Zusammenarbeit mit Herrn Dr. Peter F. Mayer entstanden bisher folgende Bücher:

https://buchshop.bod.de/pilze-contra-krebs-und-anderen-erkrankungen-traude-schubert-9783769388862

https://buchshop.bod.de/5g-freqenzen-traude-schubert-9783819244377

FSC
www.fsc.org
MIX
Papier aus ver-
antwortungsvollen
Quellen
Paper from
responsible sources
FSC® C105338